新妈妈育儿

不可不知的

1000个生活宜忌

顾 勇 主编

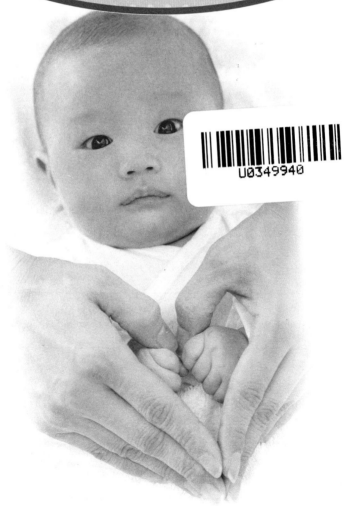

化学工业出版社

·北京·

怀胎十月，宝宝呱呱坠地，带给新妈妈无比的快乐和希望！不过，新妈妈刚开始和宝宝在一起生活时，总会有许多不可预知的事情发生，照顾宝宝的时候总觉得束手无策。这时，除了口口相传的经验外，新妈妈亟须掌握一些科学的育儿常识。

为了让新妈妈更科学、更精心地呵护宝宝，我们特别编写了此书。书中将新妈妈育儿最关心的几类问题以宜与忌的方式分条列出，突出速查功能，用醒目的宜、忌对比，告诉新妈妈育儿时该做什么，不能做什么。

本书语言简洁，内容全面，集科学性、指导性和实用性于一体。新妈妈在本书的指导下，一定能够科学、合理地养育好自己的小宝宝，打开宝宝通向智慧、健康的大门，让宝宝充分感受到关心和爱，从而给宝宝一个绚丽多彩的未来！

图书在版编目（CIP）数据

新妈妈育儿不可不知的1000个生活宜忌/顾勇主编. —北京：化学工业出版社，2015.10
ISBN 978-7-122-25025-4

Ⅰ.①新… Ⅱ.①顾… Ⅲ.①婴幼儿–哺育–基本知识 Ⅳ.①TS976.31

中国版本图书馆CIP数据核字（2015）第201893号

责任编辑：张 蕾　　　　　　　　　装帧设计：张 辉
责任校对：宋 玮

出版发行：化学工业出版社（北京市东城区青年湖南街13号　邮政编码100011）
印　　装：三河市延风印装有限公司
710 mm×1000mm　1/16　印张14¼　字数239千字　2016年7月北京第1版第1次印刷

购书咨询：010-64518888（传真：010-64519686）　售后服务：010-64518899
网　　址：http://www.cip.com.cn
凡购买本书，如有缺损质量问题，本社销售中心负责调换。

定　价：36.00元　　　　　　　　　　　　　　　　　　版权所有　违者必究

前　言

当一个新生命降临的时候，给整个家庭带来了无尽的欢乐和希望。看着这个嫩嫩的、小小的、柔若无骨的身体，生怕碰一下会弄疼了他。他的一颦一笑都让你牵肠挂肚，看着他不自觉地就从心底荡起阵阵柔情。你会忍不住想把全世界最好的东西都给他，期盼他可以聪明、健康、茁壮地成长。而后就会开始担心，我会成为一个称职的妈妈吗？我能照顾好这个新生命吗？

即便在怀孕期间做了充足的准备工作，真到和小家伙面对面了，妈妈往往是最惊慌失措的那一个。这时候就会深刻理解到"纸上得来终觉浅"的含义了。该怎么喂奶？为什么宝宝不吸吮？该用什么方式抱宝宝？宝宝为什么不停地哭？母乳不足怎么办？该如何给宝宝洗澡？怎样给宝宝换尿布？宝宝长痱子了怎么办？宝宝腹泻了怎么办？宝宝感冒了又该怎么办？各种突发状况让很多新妈妈不知所措，初为人母的喜悦还未褪去，就要面对怎么养育好宝宝这项光荣而艰巨的任务了。

新生命从诞生伊始到逐步成长、从懵懂无知的婴儿到聪慧淘气的幼童，这是一个让妈妈痛并快乐的过程。在这个过程中，妈妈要像神奇超人一样，变换成不同的角色：成为宝宝的营养师、保健师、护理师、安全顾问、启蒙老师，甚至是最好的玩伴。

为了帮助新妈妈尽快融入角色，能够更科学、更精心、更周到地呵护宝宝，我们特别编写了本书。本书从科学哺乳、营养饮食、居家生活、亲子运动、潜能开发、情商培养、疾病防治、四季保健共八个方面，为新妈妈详细讲述了科学育儿不可不知的知识。而且，书中将新妈妈育儿最关心的这几类问题以宜与忌的方式分条列出，突出速查功能，用醒目的宜、忌对比，告诉新妈妈育儿时什么该做，什么不能做。

本书语言简洁，内容全面，集科学性、指导性和实用性于一体。相信新妈妈在本书的指导下，一定能够科学、合理地养育好自己的小宝宝，打开宝宝通向健康、智慧、快乐的大门，让宝宝充分感受到关心和爱，从而给宝宝一个绚丽多彩的未来！

编者

2015 年 9 月

目 录

第三章 居家生活宜与忌 / 053

第八章　四季保健宜与忌　/ 199

第一章

科学哺乳宜与忌

　　你知道每年的 5 月 20 日是我国的母乳喂养日吗？母乳是宝宝最理想的食物，母乳不仅为宝宝提供生长发育所需的蛋白质、脂肪、碳水化合物、膳食纤维、矿物质、维生素、各种酶、各种因子等营养成分，还能增进妈妈和宝宝之间的感情，有利于宝宝良好性格和情商的形成。

母乳喂养

妈妈宜母乳喂养宝宝

母乳是上天赐给宝宝最好的礼物，它易消化、好吸收，含有免疫物质，可帮助宝宝抵抗疾病，又能避免牛奶蛋白过敏所造成的伤害，不仅经济、卫生又安全，而且妈妈可以借着哺乳，增进亲子间的互动，更可帮助母亲子宫收缩，甚至能减少乳腺癌的发生。母乳喂养是大自然赐给宝宝的权益，也是妈妈应享的权利及应尽的义务。

宜尽早为小宝宝开奶

所谓"开奶"，即宝宝出生后的第一次喂奶。那么，宝宝出生后，第一口奶什么时候喝最合适呢？

一般来说，分娩后20 ～ 30分钟，医生检查没有问题，就可以给宝宝哺乳了。调查显示，宝宝出生后的这段时间是一个敏感期，这个时候宝宝的吸吮反射最强，如果这时宝宝得到吸吮体验，将大大提高宝宝的吸吮能力。此外，分娩后半小时内让宝宝吸吮乳头，可以尽早建立催乳和排乳反射，促进妈妈乳汁分泌；同时，还有利于妈妈子宫收缩，减少产后出血，促进子宫恢复。

哺喂宝宝宜选用正确姿势

● 摇篮抱法

这是最简单常用的抱法，妈妈用手臂的肘关节内侧支撑住宝宝的头部，使宝宝的腹部紧贴住妈妈的身体，用另一只手支撑着乳房。因为乳房露出的部分很少，将乳房托出来哺乳的效果更好。

● 交叉摇篮抱法

这种抱法适合早产宝宝或吸吮能力弱、含乳头有困难的宝宝。这种抱法和摇篮抱法中宝宝的位置一样，但在这种抱法中，妈妈不仅要将宝宝放在肘关节内侧，还要用双手扶住宝宝的头部。这样，妈妈就可以更好地控制宝宝头部的方向。

● 足球抱法

如果妈妈是剖腹产或乳房较大，这种方式比较合适。将宝宝抱在身体一侧，肘关节弯曲，手掌伸开，托住宝宝的头部，使宝宝面对乳房，让宝宝的后背靠着妈妈的前臂。为了舒服一些，可以在腿上放个垫子。

● 侧卧抱法

疲倦的时候可以躺着喂奶。身体侧卧，让宝宝面对妈妈的乳房，用一只手揽着宝宝的身体，另一只手将乳头送到宝宝嘴里。这种方式适合于早期哺乳，也适合剖腹产、会阴切开或痔疮疼痛的妈妈。

宜把握好哺喂宝宝的次数

新生宝宝不能用明确的语言来表达自己的意图，妈妈不能时刻问宝宝："你饿不饿？"因为宝宝即便能听懂，也不会明确回答，所以妈妈掌握喂奶的最好时机，就是宝宝饿了，自己寻求妈妈奶水的时候。

细心的妈妈会发现，第一个月的宝宝像在跟自己玩游戏，每隔两个多小时就要吃奶，而此时的妈妈可能刚准备休息，于是就很不耐烦。其实，妈妈要理解，这是宝宝的正常生理需求，乳汁中大部分成分是水，宝宝虽然暂时吃饱了，但随着代谢和活动量的增加，吃进去的乳汁很快就会被消化吸收，所以宝宝吃奶的频率会很高。一般一天喂10～12次，甚至更多次都是正常的。一般一个月后，每3小时喂一次就够了。随着宝宝的生长，吃奶的次数也会逐渐减少。

每次宜喂宝宝多长时间

宝宝虽然不会说，但他们的情感一点不比成人少。如果妈妈能让宝宝想吃就吃，想吃多久就吃多久，那宝宝就会在自然的满足中学会正确的吃奶方式。如果宝宝还没吃饱，妈妈就强行断开宝宝，或宝宝怎么吃都吃不饱，就会增加宝宝的烦躁情绪，甚至产生哭闹、厌奶的情况。

妈妈一定要有耐心，宝宝只有吃饱了，才会不哭不闹，健康成长。同时，宝宝的吸吮会刺激妈妈的乳汁分泌，奶水充足了就会缩短宝宝的吸吮时间。

一般来说，宝宝吃奶的时间在20 ~ 30分钟，妈妈可以根据宝宝的反应来判断宝宝是否吃饱。通常宝宝吃饱了就会自己松开乳头，并露出十分满足的神情。如果宝宝一直含着乳头不放，甚至开始出现烦躁情绪，就表示宝宝没有吃饱，妈妈可以给宝宝换一侧喂奶。

宜隔多久给宝宝喂一次奶

妈妈最好不要为了自己能休息好而强制性地给宝宝安排吃奶时间，也不要宝宝一哭就给宝宝喂奶。因为只有在宝宝真正需要的时候喂奶，宝宝才会吃好，不然只会让宝宝每次都吃不好，而处于不停吃的恶性循环。所以，妈妈的喂奶间隔要由宝宝来决定，饿了就吃，饱了就停。一般来说，宝宝的吃奶时间间隔在2 ~ 3小时。

宜坚持两侧乳房轮流哺喂

妈妈喂奶时要注意左右乳房轮流哺喂，先让宝宝将一侧的乳汁吸尽，再换到另一边吮吸。不仅一次喂奶中间两个乳房要交替哺喂，而且每次开始哺喂的乳房也要交替轮换，这样有利于维持乳汁的正常分泌，避免因乳汁淤积而发生乳腺炎。

此外，两侧乳房交替哺乳，不仅能确保有足够的乳汁供应，而且可以防止乳头疼痛。同时，交替哺乳可以有效防止因单侧哺乳造成的双侧乳房不对称，避免将来两侧乳房大小相差悬殊，影响美观。

宜给宝宝喂适量温开水

给宝宝喝什么，一直是妈妈们所关心的。在众多饮料中，首选的应该是温开水。与体温接近的37℃的温水，喝着温温的不烫嘴，很舒服。与凉白开相比，温开水比较接近体温，营养容易被吸收，不会对宝宝的肠胃产生刺激。

温开水干净、温和，多喝还能预防感冒。特别是喝奶粉的宝宝，如果不喝温开水，容易出现上火便秘的情况。不管是哪个季节，都需要喝温开水，夏天还要适当增加一些饮水量。遇到宝宝感冒、发热及呕吐、腹泻脱水时，更应频繁饮用温开水。

宜将宝宝未吸尽的母乳挤尽

有些妈妈的乳汁较多，宝宝吃不完，哺乳后乳房仍然觉得很胀，感觉有乳汁没被吸完。这时候需要人工或使用吸奶器，一定要将剩余的乳汁挤出来。否则，乳汁长时间停留在乳腺管内，会堵住、结块、滋生细菌，导致乳腺炎。此外，每次不吃完的话，乳汁分泌也会越来越少。

 宜适当减少夜间喂奶的次数

宝宝在0～3个月时处于生长发育的旺盛时期，哺喂都是按需喂养。对吃母乳的宝宝来说，母乳容易消化吸收，宝宝也比较容易饿，基本每2小时就要吃一次奶。夜奶次数也比较频繁，一晚上要喂4～5次。

到了第4个月，大脑松果体褪黑素分泌开始增加，褪黑素能够诱导宝宝入睡，影响宝宝的睡眠质量、体温调节、血压和血糖的稳定。如果宝宝在夜间频繁醒来，会影响褪黑素的正常分泌，不利于宝宝的生长发育。因此，这时候就需要适当减少夜间喂奶的次数。

宝宝喝饱奶宜拍拍嗝

1～4个月的宝宝由于贲门的收缩功能还未发育成熟，吸吮技巧也不熟练，在吃奶时易吸入空气，如果排不出来，就很容易会发生吐奶现象。因此，宝宝喝饱奶后，妈妈宜帮宝宝拍拍嗝。

宝宝经常是喝着喝着奶就睡着了，这时候妈妈容易忘记拍嗝。但宝宝不会因为睡着了就不排出嗝气，睡眠时宝宝如果发生吐奶、溢奶甚至呛奶，那可是非常危险的。所以，4个月以前的宝宝，不管睡着与否，只要是哺喂了就需要拍嗝。

厌奶期宜适当添加辅食

宝宝到了4个月左右时，会进入厌奶期。这时候妈妈会发现宝宝喝的奶量变少，胃口不佳，但精神状况很好，依旧很有活力。由于从出生开始，宝宝的喂养一直以母乳或配方奶为主，一段时间后，可能会产生厌恶喝奶的情况，这也是宝宝在提醒爸妈，该给他吃些不同的东西了。这时候不妨给宝宝一点新的尝试，开始给宝宝逐步添加辅食。

辅食的添加，可以从米粉或稀释的果汁开始，陆续加入蔬菜泥和果泥。每天吃一两餐即可，遵守一次加一种的原则，从一小汤匙开始，再慢慢加分量。每种辅食可先尝试3～5天，并观察宝宝的状况。

厌奶期宜改变哺喂方式

当宝宝进入厌奶期，出现了厌奶的征兆，不吃或吃得少时，爸妈可以尝试改变一下宝宝的哺喂方式。把定时哺喂，换成较为随性的方式，以少食多餐为原则，等宝宝想吃的时候再吃。或通过亲子游戏消耗宝宝的体力，如帮助宝宝按摩、和宝宝进行一些肢体活动等，当宝宝消耗了一定精力、饥饿感增强时，进食的状况也会有所改善。

母乳不足宜混合喂养

混合喂养是在确定母乳不足的情况下，需添加牛奶或其他奶粉进行补充喂养。混合喂养虽然不如纯母乳喂养对宝宝好，但还是能保证妈妈的乳房按时受到宝宝吸吮的刺激，从而维持乳汁的正常分泌。宝宝每天能吃到几次母乳，对宝宝的健康依旧有很多好处。

混合喂养比人工喂养对宝宝健康成长更有利，尤其是在产后的几天内，不能因母乳不足而放弃。混合喂养每次补充奶粉的数量应根据母乳缺少的程度来定，可在每次母乳喂养后补充母乳的不足部分，也可在一天中一次或数次完全用奶粉喂养。需要注意的是，妈妈不能因母乳不足而放弃母乳喂养，至少要坚持混合喂养6个月后再完全使用奶粉。

宜先喂母乳，再加代乳品

在给宝宝进行混合喂养时，应该每天按时母乳喂养，即先喂母乳，再喂奶粉。一天内母乳哺喂不能少于3次，次数过少会影响乳汁的正常分泌。

如果妈妈因工作原因，白天不能进行母乳喂养，加上乳汁分泌不足，可在每日特定时间哺喂，依旧不要少于3次，这样既保证母乳充分分泌，又可满足宝宝每次的需要量。其余的几次可给予奶粉，这样每次喂奶量较易掌握。

选择适宜的时间给宝宝断奶

断奶是指给宝宝逐渐增加流质、半流质以至固体食品，断母乳的全过程。母乳虽然是宝宝最理想的营养食品，但随着宝宝逐渐长大，母乳中的营养已经无法满足宝宝生长发育的需要。因此，要及时添加辅食和断奶，否则就会影响宝宝的生长发育，甚至引起多种营养缺乏，宝宝易出现消瘦、贫血、维生素缺乏等营养不良性疾病。

此外，如果妈妈哺喂母乳的时间太久，会使子宫内膜发生萎缩，引起月经不调，还会因睡眠不好、食欲不振、营养消耗过多造成体力透支。因此，适时给宝宝断奶对宝宝和妈妈的健康都非常有益。一般来说，宝宝断奶的最佳时间是8~10个月，完全断奶的最佳时间是10~12个月。

宝宝断奶宜提前做准备

断奶是宝宝人生中的一件大事，断不好，会导致宝宝脾胃功能紊乱、食欲差、面黄肌瘦、夜卧不安、抵抗力下降，直接影响宝宝的生长发育。我们都知道，宝宝不仅味觉敏锐，而且对饮食是非常挑剔的，尤其是习惯于母乳喂养的宝宝，常拒绝其他奶类的诱惑。

因此，给宝宝断奶，应尽可能顺其自然逐步减少，即便是到了断奶的年龄，也应为宝宝创造一个慢慢适应的过程，千万不可强求。断奶时，可以适当延长断奶的时间，酌情减少喂奶的次数，并逐步增加辅食的品种和数量，让宝宝逐渐适应并喜欢母乳以外的食品。

宝宝断奶宜采取的方式

逐渐断奶：宝宝对母乳依赖很强，突然断奶可能会有失落感，妈妈可以采取逐渐断奶的方法。从每天喂母乳6次，先减少到每天5次，等妈妈和宝宝都适应后，再逐渐减少，直到完全断掉母乳。

少吃母乳：开始断奶时，可以每天都给宝宝喝一些奶粉，也可以喝新鲜的全脂牛奶。但只要宝宝想吃母乳，妈妈不要拒绝。

断掉临睡前和夜里的奶：大多数的宝宝都有吃夜奶和睡前奶的习惯。这时候，需要爸爸或家人的配合，宝宝睡觉时，可以由爸爸或家人哄宝宝睡觉。

减少对妈妈的依赖：断奶前，要有意识地减少妈妈与宝宝相处的时间，增加爸爸照料宝宝的时间，给宝宝一个心理上的适应过程。

培养宝宝良好的行为习惯：断奶前后，妈妈适当多抱一抱宝宝，多给他一些爱抚是必要的，但对于宝宝的无理要求，不要轻易迁就，不能因为断奶而养成宝宝的坏习惯。

忌

忌不注意哺乳卫生

俗话说"病从口入"，要想宝宝少生病，妈妈在哺喂宝宝的时候，一定要注意哺乳卫生。如每次哺乳前要用温开水清洗乳头和乳晕，以免不洁之物进入宝宝口内；妈妈给宝宝喂奶前，要洗净双手，以免污染乳房，也避免将细菌带给宝宝。需要特别注意的是，妈妈如果发现乳头或乳晕部有破损，或宝宝口腔及嘴唇周围有感染，要及时护理治疗，以防细菌进入乳腺管而引发急性乳腺炎，同时预防宝宝患胃肠道疾病。

忌给新生宝宝喂奶过晚

有些人认为，妈妈分娩后需要休息，而且新生宝宝在母体内已经储存了营养，因此可以稍晚些再给宝宝喂奶，甚至一两天后才喂奶。这种做法是不对的！首先，初乳是新生宝宝最好的食物，其含有新生宝宝所需要的高度浓集的营养素和预防多种传染病的物质；而且宝宝吸吮妈妈乳头，可以引起母乳神经反射，促使乳汁分泌和子宫复原，减少产后出血。

其次，最新研究发现，喂奶过晚的新生宝宝黄疸较重，有的还会发生低血糖，而低血糖能引起大脑持续性损害，尤其是体重轻、不足月的新生宝宝更容易发生低血糖症；有的新生宝宝因喂奶过晚还会发生脱水热。总之，忌给新生宝宝喂奶过晚。

忌舍弃珍贵的初乳

初乳是首次分泌的乳汁，看上去比较稀，颜色发黄。很多妈妈觉得没有营养，认为没有必要给宝宝食用，从而舍弃。其实，初乳和成熟乳的外观差异是由两者的营养成分不同所决定的。刚出生宝宝的胃肠道对脂肪的消化和吸收能力差，而初乳中的脂肪和糖含量没有成熟乳高，因此更适合新生宝宝消化吸收。

初乳可以说是针对新生宝宝所需营养的专配食品，含有丰富的乳铁蛋白、免疫球蛋白，可以有效预防新生宝宝贫血、减少呼吸道和消化道疾病；初乳中锌含量也很高，符合新生宝宝快速生长发育的营养需求；初乳还有轻微的通便作用，有利于胎便排出，减少胆红素含量，减轻新生宝宝黄疸。因此，为了宝宝一生的健康，妈妈要珍视初乳，千万不要随便舍弃初乳。

忌哺乳前给宝宝喂奶粉

很多妈妈觉得母乳不足，就给新生宝宝喂奶粉，这种做法是不可取的。宝宝刚出生，胃还很小，母亲的初乳是完全可以满足其所需的。如果一开始就给宝宝喂奶粉，很可能造成宝宝产生"乳头错觉"，之后拒绝母乳。

最初的母乳喂养过程，主要是促进宝宝肠道正常菌群建立。第一次喂养前，给宝宝喂奶粉，会导致在肠道正常菌群建立之前，一些未被充分消化的食物颗粒直接穿透间隙较大的肠壁进入血液，容易引起过敏性湿疹。因此，要坚持第一口喂母乳，让宝宝先吸吮母亲乳房建立肠道正常菌群，以确保母乳的充分消化吸收，同时避免敏感体质的宝宝过敏。

忌随意减少哺喂次数

新生宝宝哺喂要采取按需喂养的方式，只要宝宝饿了就喂奶。这是因为新生宝宝的胃容量较小、吸吮能力也较弱、吸吮时间较短，不能一次吃饱而持续较长时间。同时，新生宝宝出生后的头几天，妈妈的乳房一次分泌乳汁的量不多，这就需要多次让宝宝频繁地吸吮来满足需要。

如果减少新生宝宝的哺喂次数，喂奶的间隔时间较长，宝宝胃内的奶排空，此时容易发生血糖下降，宝宝就会出现精神萎靡、不哭不闹、对刺激反应差、面色不好等低血糖表现，久之还会影响宝宝的生长发育。此外，宝宝哺喂次数多，宝宝的吸吮会刺激乳头使催乳素大量分泌，有利于乳汁分泌。

忌哺喂宝宝方法不当

哺喂宝宝时注意要采取正确的姿势，不要堵住宝宝的鼻孔，以免影响呼吸。宝宝吸吮动作缓慢有力，妈妈的乳汁会大量涌出，此时妈妈可用手指挡一下或暂停一会儿，以防止引起宝宝呛咳造成吐奶。

如果哺喂方法不当，宝宝的吸吮姿势不正确，会导致妈妈乳头破损、发炎，严重的会患乳腺炎。哺喂宝宝正确的方法是让宝宝含住乳头和大部分乳晕，吸吮乳房可以获得更多的乳汁。这样妈妈的乳头还不疼，乳汁也会越吃越多哦！

 忌躺着给宝宝哺乳

照顾宝宝是一件很劳心费力的事，月子里妈妈的体力还没有完全恢复，很容易疲劳。躺着喂奶会比较舒服省力。在夜间给宝宝哺喂时，妈妈经常是习惯性地把乳头往宝宝的嘴里一送，宝宝吃到奶自然就不哭了。过一会儿，妈妈可能就又睡着了，这种情况是十分危险的。因为宝宝吃奶时与妈妈靠得很近，熟睡中妈妈的乳房很容易压住宝宝的鼻孔，易引起窒息。因此，为了宝宝的安全着想，妈妈最好不要躺着哺喂宝宝。

忌定时给宝宝喂奶

给新生宝宝喂奶，提倡按需喂养。如果定时给宝宝喂奶，宝宝不饿，就会不吃或吃得少；如果宝宝饿了，却因不到哺喂时间，妈妈任由他哭闹，等到了喂奶的时间，宝宝因困乏疲劳，吃奶也不会多，而且哭闹会让宝宝胃内进入许多气体，吃奶后容易引起呕吐。因此，医生提醒，这种定时给宝宝喂奶的做法不可取，不仅会影响宝宝的生长发育，还会给宝宝的心理健康带来不良影响，使宝宝对周围世界缺乏信任感和安全感！

冷冻母乳忌高温加热

母乳最好不要用微波炉或炉火加热。因为使用微波炉加热母乳，会减少甲型免疫球蛋白及维生素 C 的含量，并且受热不均匀。此外，56℃以上的高温加热会减少母乳中的酶活性。

正确的方法应该是，将冷藏的母乳容器放进低于50℃的温水里浸泡，在浸泡时要不时地摇晃容器使母乳受热均匀，同时也使母乳中的脂肪混合均匀。如果是冷冻的母乳，要自然解冻或泡在冷水中解冻，然后像冷藏母乳一样加热。但如果是加热后的母乳而宝宝没有吃完，建议就不要再食用了。

忌生气时给宝宝哺乳

哺乳期的妈妈要注意保持心情平和，否则在愤怒、焦虑、紧张、疲劳时，容易造成肝郁气滞，甚至产生血瘀，导致分泌的乳汁质量发生变化，可能不利于宝宝健康。如果在这种情况下哺喂宝宝，宝宝会心跳加快，变得烦躁不安，会造成睡眠不好、经常哭闹，还会出现消化功能紊乱等症状。

所以，当妈妈生气或心情烦躁的时候，最好不要马上哺乳，要等心情平静下来，还要挤出一部分乳汁，再用干净的布清洁过乳头后再哺乳，尽量减少坏心情对宝宝的影响。

宝宝服药前后忌喂奶

当宝宝生病需要服药时，妈妈要注意在服药前后不要给宝宝喂奶。这是因为在服药前，要让宝宝处在半饥饿状态，以防宝宝恶心、呕吐，同时也便于将药咽下。服药后也不要马上给宝宝喂奶，以免发生恶心、呕吐，从而将药吐出来。宝宝将药咽下后，可以继续喂20 ~ 30毫升糖水或温开水，将口腔及食管内积存的药物送入胃里。

忌让宝宝边吃边睡

细心的妈妈会发现，宝宝喜欢边吃边睡，这个行为是需要纠正的。处在睡眠中的宝宝意识不清，口咽肌肉的协助性不足，喝奶时容易吸呛。由于肚子内的奶都是在昏昏沉沉的时候吃进去的，宝宝清醒时脑海里没有明确饥饿的感觉，所以看到食物会降低欲望。

边吃边睡还容易造成乳牙龋齿，睡眠时唾液的分泌量对口腔清洗的功能原本就会减少，加上乳汁长时间在口腔内发酵，会破坏乳齿的结构。要避免此后遗症，就要杜绝宝宝边吃边睡的习惯，还要在哺喂完后再给宝宝喂些温开水，以清洗口腔内的余奶。

宝宝厌奶时忌停止哺乳

宝宝在4个月左右的时候，会出现厌奶的现象。这是由于宝宝的生理发育及感官功能愈来愈成熟，会因为外界干扰、好奇心驱使，造成吃奶注意力不集中。因此，宜给宝宝一个安静的进食环境，切忌停止母乳哺喂。这时需要做的是，坚持哺乳，适当添加辅食。通常1个月左右，宝宝厌奶的状况就会改善。

厌奶期忌强迫宝宝喝奶

宝宝在厌奶期会出现喝奶少、不爱喝奶的情况，这时妈妈不要因为顾虑宝宝喝奶太少会营养不良，而强迫宝宝喝奶。在宝宝的不同发育阶段，都可能会出现厌食，这是正常现象。如果妈妈着急，不等宝宝恢复食欲就强迫进食，会让宝宝产生抵触行为，加剧宝宝的厌食感。

强迫喝奶的方式也会让宝宝对吃产生恐惧。其实，只要宝宝身高、体重等发育状况都在可以接受的范围内，就不需要强迫喝奶，这个时期妈妈应该考虑怎么样给宝宝添加辅食。

忌白天喂母乳晚上喂奶粉

生活中，有些妈妈觉得乳汁分泌不足、不够宝宝吃或觉得夜里哺乳影响自己的睡眠，从而选择白天哺喂母乳、晚上用奶粉哺喂宝宝的方式。这种喂养方式是不科学的，因为这样做不利于妈妈乳汁的分泌。

宝宝的频繁吸吮是促进乳汁分泌的好方法，妈妈的乳汁会随着宝宝吸吮的频率和量进行调节。如果晚上没有宝宝吸吮的刺激，妈妈的乳房就会停止夜间泌乳。而对于6个月内的宝宝，特别是1～2个月的宝宝来说，要尽可能用母乳喂养，使宝宝得到宝贵免疫物质的同时，还能与妈妈的肌肤亲密接触，以满足宝宝体格发育和心理发展的需要。

忌强行给宝宝断奶

宝宝在4～6个月时，就要开始添加辅食，经过一段时间的适应，逐步用辅食代替母乳，这一过程会持续半年左右（宝宝由吃母乳、辅食，转成吃饭，逐渐完成断奶）。假如不做好给宝宝断奶的准备，觉得该断奶了，就强行给宝宝断奶，会使宝宝感到不愉快，影响情绪，还容易引起疾病。

有些妈妈为了断奶在乳头上抹辣椒水，以此吓唬宝宝。这种断奶的方法不仅会吓到宝宝，还易使宝宝排斥其他食物，从而造成营养不良。同时会让宝宝感到受了欺骗，对妈妈产生不信任感，引起宝宝的愤怒和焦虑。有些妈妈为了断奶故意母子分离，避开宝宝。这样做不仅给妈妈带来身体上的不适（涨奶的痛苦），将来也可能产生严重的健康问题。长时间见不到妈妈，会让宝宝缺乏安全感，特别是对妈妈依赖较强的宝宝，看不到妈妈会产生焦虑情绪、厌食，直接影响宝宝的身心健康。

忌在冬夏两季断奶

断奶对宝宝来说是一个非常重要的时期，是生活中的一大转折。因此，注意断奶时间的选择非常重要。建议妈妈们，最好不要在夏季或冬季给宝宝断奶。

夏季天气炎热，宝宝本来就容易烦躁，断奶更会让宝宝情绪不好。加之夏季出汗多，体力消耗大，如果断奶后给宝宝添加过多的辅食，就容易引起胃肠对食物的不适应而造成消化不良，甚至发生呕吐或腹泻等胃肠道疾病。

冬季天气寒冷，是呼吸道传染病发生和流行的高峰期。宝宝会因为断奶而睡眠不安，易患上感冒、急性咽喉炎，甚至肺炎等疾病。如果宝宝的离乳月龄正逢此时，建议将断奶的时间推迟。

忌断奶后哺喂母乳

有些妈妈给宝宝断奶后不能立刻回奶，于是怕乳汁浪费，就把乳汁挤出来给宝宝喝。这种做法是有风险的，因为宝宝吃出母乳的味道后，会回忆起吃母乳的感觉，很容易导致宝宝复吸。所以，一旦断了奶，就不要再让宝宝吃母乳了。

人工喂养

宜

哪些宝宝宜人工喂养

人工喂养是指妈妈或宝宝因为某些特殊原因，需选用牛乳、羊乳或其他代乳品对宝宝进行人工哺喂。简单来说，有以下情况的宝宝需要人工喂养。

（1）宝宝患有半乳糖血症，母乳中的乳糖不能很好地代谢，会变成有毒物质影响神经中枢的发育，导致宝宝智力低下、白内障等。

（2）宝宝患有苯丙酮尿症，不能使苯丙氨酸转化为酪氨酸，会干扰脑组织代谢，导致智力障碍、毛发和皮肤色素减退。

（3）宝宝患有枫糖尿症，需要控制蛋白质的摄入量，不能母乳喂养。

（4）有的宝宝早产或患有唇腭裂，吃奶不方便，需要妈妈用滴管或小勺进行人工喂养。

母乳不足宜喂适量奶粉

如果妈妈分泌母乳太少，不够宝宝吃，催奶后也没有什么明显效果，为了不影响宝宝的生长发育，妈妈应考虑适量添加配方奶粉进行哺喂。但要保持母乳喂养的次数不变，每次应先喂母乳。应让宝宝先将两侧的乳房吸空后再以配方奶补充不足，一般是缺多少补多少。这样不会缺少营养，另外也会降低宝宝出现过敏的概率。

宝宝宜哺喂配方奶

当宝宝需要人工喂养时，给宝宝选择什么样的代乳品就成了一道难题，究竟该选择牛乳，还是奶粉呢？哪一种对宝宝的健康成长更有利？

从营养成分上看，牛奶蛋白质含量比人乳高，但以酪蛋白为主，在胃内会形成较大凝块，不易被宝宝弱小的肠胃消化吸收；而且牛奶矿物质成分较高，会加重宝宝肾脏的负荷。牛奶含锌、铜较少，含铁量虽与人乳相仿，但被吸收率仅为母乳的五分之一。所以，宝宝不宜用牛奶哺喂。

而配方奶粉是以母乳为标准，在牛乳或其他动物乳的基础上，搭配其他动植物提炼成分，并添加了适量的营养素，使其符合宝宝消化吸收和营养需要的一种人工食品，它是较好的母乳替代品，更适合人工哺喂的宝宝。

宜选择优质奶粉喂养宝宝

目前市场上配方奶粉种类繁多，选择起来让人眼花缭乱。最便捷的方法就是选择知名企业生产的大品牌配方奶粉，品质会比较有保障。选购时一定要注意奶粉包装上的说明，是适合哪个生长阶段的宝宝。要根据宝宝的实际月龄来选购合适的配方奶粉，同时要确认产品的保质期。

人工喂养的宝宝宜多喝点水

一般4个月以内母乳喂养的宝宝是不用喝水的，但对于人工喂养的宝宝，由于宝宝在消化吸收奶粉中的蛋白质、碳水化合物、矿物质时，消耗了大量水分，因此妈妈一定要记得给宝宝补水，否则会加重宝宝肾脏的负担，容易发生便秘。

给宝宝补水的时间也是有讲究的，人工喂养的新生宝宝可以在两餐之间喂点水。一般情况下，每次给宝宝饮水不应超过100毫升。炎热的季节或宝宝出汗较多的时候可适当增加，最好给宝宝喝白开水。宝宝4～6个月后可以用一些水果、蔬菜煮成汁水喂给宝宝喝。

一定要注意，不要给宝宝喝一些人工配制的饮料。饮料大多含有香精、色素、防腐剂，这些添加剂对宝宝身体不利，会对宝宝肠道产生刺激，轻则引起宝宝肠胃不适、妨碍消化，重则引起痉挛。也不宜给宝宝喝糖水，因为糖水并没有什么特别的营养价值。

宜适当掌握宝宝需要的奶量

人工喂养也要遵照宝宝的需要来喂奶，不要执行定时哺喂。特别是在宝宝刚出生的几周里，更要这样。每个宝宝的食量都不一样，对奶水的需要量也不同。一般情况下，刚刚出生的宝宝食量很小，喝奶也喝得很少，这时妈妈不要强迫宝宝多喝奶。

通常是过了3～4天之后（也许时间更长一些），宝宝所需要的奶量会慢慢增加。妈妈不要着急，只需要根据宝宝的需求调配相应的奶量就可以了。对于奶量，以吃饱并能消化为宜，不必严格限制。随着体重的增加，宝宝的胃口也会增大。如果喂完奶后宝宝还哭闹不止，可能说明还没有喝饱，可以逐渐增加每次的喂奶量。

帮宝宝选择适宜的奶瓶、奶嘴

现在市面上奶瓶的材质大致有两种：一种是玻璃的；另一种是塑料的。这两种材质的奶瓶各有利弊。其中玻璃的奶瓶比较沉，有耐热性强的特点，容易清洗。而塑料奶瓶，因其质量轻，方便携带，但清洗起来不容易，更易沾上污渍，使用寿命比较短。可根据需要进行选择。

选择奶嘴的时候，要特别注意奶嘴孔的大小。适合宝宝的奶嘴，可以保持一定的速度，使每分钟进入宝宝胃里的奶量比较适宜，奶汁和胃液混合充分，更容易消化。随着宝宝月龄的增加，可以换适当大些的奶孔。因为如果奶嘴孔过小，宝宝吸起来会感到费劲。而奶嘴孔如果过大，宝宝容易发生呛奶的情况。如果想要知道奶孔的大小是否适中，可以在奶瓶里加水，然后把奶瓶倒过来，观察水的流量。一般情况下，大小适中的奶孔，每秒钟滴2滴左右，如果成水流状，则表明奶孔过大。

宜掌握清洗奶瓶的正确方法

奶瓶中的奶极易受到污染，容易诱发腹泻、发热等问题，而奶瓶消毒则是避免这一直接污染的最佳途径。在给奶瓶消毒前，一定要给它认真地"洗次澡"，用奶瓶刷把奶瓶中残留的污垢洗干净。否则无论怎样消毒，一样会给奶瓶留下卫生"死角"。

给奶瓶消毒最常用的是煮沸法。将水煮沸，然后先把奶瓶放入其中，煮沸10分钟；再将奶嘴放入沸水中，煮5分钟左右，捞出晾干。之所以如此分开，是因为奶嘴用橡胶或硅胶制成，耐热时间很短，久了易软化。

此外，还可用微波炉消毒。将清洗后的奶瓶盛上清水放入微波炉，打开高火10分钟即可。但要注意，千万不能将奶嘴及连接盖放入微波炉，以免变形、损坏。

奶粉宜现冲现喝

有时候晚上为了避免宝宝醒来后不能及时喝到奶水而哭闹，妈妈们会提前调配一瓶奶粉备用，但要注意，冲调好的奶粉一定要盖好盖子放入冰箱里冷藏，最好在24小时内喝完。对于喝不完剩下的配方奶，如果剩余量较少，最好倒掉。如果剩的比较多，可以放入冰箱冷藏，但也不能存放过长时间，最好在1小时内喝掉。

从冰箱中取出的配方奶，要加热后再给宝宝喝。加热时，可用碗装好热水，然后把奶瓶放在热水里隔水烫热。也可以将装有配方奶的奶瓶直接放在热水龙头下冲，直到冲热为止。

忌

喝配方奶忌乱吃钙片

人工哺喂宝宝的时候要注意，不要随意给宝宝吃钙片补钙。哺喂宝宝的配方奶粉里已经含有钙，如果每天都能喝到足够的配方奶，再服用钙片，就会造成钙摄入量过高。钙过多会导致宝宝便秘，时间长了甚至会在体内沉淀形成结石。6个月以内的宝宝，可以不必添加钙片。6个月以上的宝宝，如果每天的奶量在500 ~ 600毫升，也不需要添加钙片。

宝宝辅食里忌放盐

对于1岁内的宝宝，辅食里不要加盐之类的调味品。这时候宝宝的肾脏发育不成熟，肾小管短，处理水和电解质的功能较弱，容易发生紊乱，尤其是排泄钠盐的功能不足。吃了盐以后，肾脏没有办法将它排泄掉，会导致钠盐潴引起局部水肿。此外，如果食入盐分太多，还会导致体内钾的丧失，钾丧失过多，易引起心脏衰弱。因此，宝宝饮食中不能加盐。

宝宝喝配方奶粉忌加糖

有些妈妈认为喝奶粉导致宝宝容易上火，觉得加一些糖可以"去火"。有的甚至一勺奶粉就要配一勺糖，这种做法是不对的。配方奶粉是根据宝宝发育所需要的营养而生产的，擅自改变会影响其营养配比。

糖摄入量过多，还会影响宝宝的生长发育。过多的糖会将水分潴留在宝宝体内，使肌肉和皮下组织变得松软无力。这种宝宝看起来很胖，身体抵抗力却很差。而且糖还是很多疾病的潜在危险因素，如龋齿、近视、动脉硬化等。

忌给宝宝喝太浓或太稀的奶

妈妈冲调配方奶粉前，一定要认真阅读奶粉的冲调说明，严格按照注明的比例进行冲调，不能把奶粉冲得过稀或过浓，否则会影响宝宝的健康。

如果奶粉冲调的浓度过低，自然缺少营养，易导致宝宝营养不良，常喝了奶后没多久就又饿了。反之，如果奶粉冲调的浓度过高，会导致宝宝娇嫩的胃肠无法有效地消化吸收营养物质，不仅易造成营养不良，还易导致便秘，影响胃肠健康。

那么，妈妈该如何冲调奶粉呢？除了使用刻度精准的奶瓶和奶粉勺子之外，妈妈还要掌握正确的冲调方法，即先加水，后放奶粉。这样冲调的奶粉虽然刻度上看会多一些，但浓度刚刚好。此外，要注意不要用矿泉水冲奶粉给宝宝喝，太多的矿物质会引发宝宝消化不良和便秘。

忌给小宝宝喝太甜的奶

在给宝宝选择奶粉的时候，要注意选择口味清淡的奶粉。婴幼儿时期是宝宝味蕾发育和口味形成的关键时期，过早接触太甜的食物，会导致宝宝日后偏食、挑食。母乳的味道就是清淡清甜的，所以给宝宝选奶粉，除了要在营养配比上接近母乳营养成分，也要注意口味上也要接近母乳。

忌用豆奶代替配方奶

豆奶中所含的蛋白质主要是植物蛋白，但豆奶中铝含量比较多。宝宝如果长期喝豆奶，会使体内铝含量增多，影响大脑发育。特别是4个月以内的宝宝，更不能只用豆奶喂养，豆奶只可作为辅食。如因某种原因，必须以豆奶哺喂时，则需注意适时添加鱼肝油、蛋黄、鲜果汁、菜水等食品，以满足宝宝对各种营养物质的需求。

忌给宝宝喝冲调过久的奶

冲调好的配方奶应马上给宝宝喝，最好在1小时内喝完，没有喝完的奶不能再给宝宝喝，不宜进行冷藏，因为冲配好的奶容易滋生细菌。刚冲好的奶要盖紧奶瓶盖储存在冰箱冷藏室中，冷藏时间不得超过24小时，若冲好的奶超过2小时未予以冷藏，则不要再给宝宝喝。

宝宝喝奶忌过冷或过热

给宝宝冲调的奶粉要注意温度适宜，不宜过热或过冷。水温过高会破坏奶粉的营养成分，温度太低水太凉，又会使宝宝的肠胃吃不消。一般以低于40℃（大人一口可以喝下去的水温）为宜。妈妈可将调好的奶液滴几滴在自己手腕内侧或手背，以不烫手为宜。

忌为宝宝频繁更换奶粉

不要为宝宝频繁更换奶粉，这是所有妈妈都应注意的。宝宝还处于生长发育阶段，身体的各项功能发育并不完善，消化系统也是如此，所以对食物的变换比较敏感，较难适应频繁的变换，尤其是对于奶粉这样天天都会接触的重要食物。频繁为宝宝更换奶粉，会给宝宝还未发育成熟的消化系统带来不必要的负担，一般宝宝适应不了可能会出现腹泻、便秘、哭闹、过敏等情况。

如果妈妈觉得宝宝实在不适合喝某个品牌的奶粉，可以考虑更换品牌，需要先少量尝试。但这是一个不能操之过急的过程，得循序渐进，且要考虑到不宜更换到品种差别过大的其他产品。

第二章

营养饮食宜与忌

宝宝健康饮食是成长的关键，为了满足宝宝生长发育所需要的各种营养，妈妈就必须对宝宝的日常饮食做出合理安排。事实上，宝宝营养饮食的学问还不少呢。聪明的妈妈知道，什么时候该给宝宝添加辅食，又该如何按照宝宝月龄选择辅食种类，而哪些食物适宜宝宝，哪些食物宝宝不能吃。

添加辅食

宝宝成长宜添加辅食

随着宝宝的成长，母乳或奶粉中的营养成分渐渐无法满足宝宝快速生长发育所需。宝宝长到4～6个月时，从妈妈身体承继的锌、铁等微量元素也即将消耗殆尽，需要从饮食里获得。随着宝宝消化功能、神经系统的逐渐发育完善，更是需要添加营养全面、含有各种微量元素的辅食。而且在添加辅食的过程中，还可以给宝宝建立起良好的饮食习惯，以利于宝宝日后的健康成长。

选择适宜的时间添加辅食

一般来说，在宝宝4～6个月时，是添加辅食的最佳时期。这个阶段的宝宝处于咀嚼及味觉发育的敏感期，食物很细微的味道变化都会给他留下非常敏锐的记忆。而且这个阶段宝宝容易对成人的食物产生浓厚的兴趣。看见妈妈吃他的嘴也会动；会用手抓饭桌上的食物；或眼睛盯着食物，表现出强烈的想要尝试的欲望。当这些行为出现时，就说明可以尝试给宝宝添加辅食了。

宝宝对食物有好奇心、感兴趣的时候添加辅食，宝宝会欣然接受，可以很自然顺利地学会咀嚼、吞咽。如果错过这个阶段，宝宝有可能拒绝添加辅食，很可能因为无法获得全面、足够的营养导致生长缓慢。

首次辅食宜选择米粉

第一次给宝宝添加辅食最好选择米粉。米粉的主要成分是大米，所含的碳水化合物不仅能迅速补充能量，还容易被宝宝消化吸收。另外，米粉里添加了钙、铁、锌等微量元素，可以帮助宝宝预防缺铁性贫血，为宝宝提供丰富、全面的营养。需要注意的是，妈妈宜给宝宝选择原味米粉，其清香的味道更容易被宝宝接受。

米粉冲调浓度要适宜

冲调米粉时需要注意米粉和水的比例，应根据宝宝的月龄和适应程度做出相应调整。刚开始添加辅食、月龄较小的宝宝，最好把米粉冲调得稀一些，类似米汤就可以了。这个浓度不仅宜于宝宝吞咽，还宜于宝宝接受辅食。同时，观察一下宝宝的便便，如果不便秘，就说明宝宝能吸收，可以调得稍微稠一点。随着宝宝习惯辅食且咀嚼能力的提高，米粉的浓度可慢慢变得浓稠。

宝宝首次辅食宜量少

给宝宝第一次哺喂辅食时，一定要执行量少的原则，最多不要超过3勺。即使宝宝表现出很喜欢吃的样子，流露出渴求的眼神，也不能多喂。因为宝宝的肠胃之前一直以奶为主食，第一次接受其他类型的食物，需要一个适应的过程。如果忍不住哺喂多了，容易导致宝宝消化不良。

辅食添加的适宜时间

给宝宝初次添加辅食的时候最好选择在上午，方便妈妈观察宝宝食用完辅食的反应。此外，哺喂宝宝辅食的时间最好是在喝奶之前，如果宝宝喝奶喝饱了，会因为吃饱了拒绝辅食。还要注意，不要选在宝宝饿的时候添加，当宝宝饿了的时候，更希望赶快吃到奶而不是辅食。辅食初期可以一天1～2次，哺喂辅食要注意定时、定量。

辅食添加宜一次一种

给宝宝添加辅食的初期，必须按照宝宝月龄的营养需求和消化能力选择辅食品种。辅食添加应该只选择一个品种，先尝试哺喂几天，看看宝宝是否适应。如果宝宝便便没有异常状况出现，再试着添加另外一种辅食。千万不要两种辅食同时哺喂，或在短时间内增加好几个品种。这样做有一个好处，如果宝宝的体质敏感，吃了辅食出现过敏现象，妈妈能迅速排查锁定过敏源。

此外，添加辅食也是宝宝发展味蕾、完善味觉系统的过程。单一、原味的食品有助于宝宝认知存储味觉记忆，使宝宝的味觉变得清晰敏锐。如果添加苹果泥，就不要同时添加肉泥，要等宝宝适应苹果泥的味道后再开始添加肉泥。几种辅食混合在一起，会造成宝宝味觉记忆混乱。而且，每一次新口味辅食的添加，都会让宝宝体验到食物味道多样性的乐趣。

宜选择软烂、泥糊状食物

4个月的宝宝吞咽能力虽然比刚出生时有所加强，但总体来说，这个阶段的宝宝咀嚼、消化能力还是比较弱的。因此，辅食要以容易吞咽咀嚼的软烂、泥糊状食物为主。糊状食物如米粉、藕粉，泥状食物就是将蔬菜、水果、肉采用蒸或煮的方式做熟后压制成泥。

给宝宝制作蔬菜泥、果泥等辅食时，妈妈要注意烹调时间，烹调时间太长容易破坏蔬菜和水果中的维生素。还要注意，制作粗纤维比较多的果蔬时，一定要将粗纤维挑出去，以免噎到宝宝。

添加辅食宜从稀到稠

大多数宝宝在开始添加辅食时还没有长牙，适宜液体流质状的食物。这些细小颗粒的食物在辅食初期既能锻炼宝宝的吞咽能力，也利于宝宝消化吸收。随着宝宝消化系统的完善和开始长牙，妈妈需要把辅食从流质向半流质、固体食物逐渐进行过渡。即从果汁、米汤过渡到菜泥、果泥、肉泥，然后过渡成软饭，小块的菜、水果及肉。这样不仅可促进宝宝牙齿的生长，也可锻炼宝宝的咀嚼能力。

辅食添加宜慢不宜快

给宝宝添加辅食初期，妈妈要留意观察宝宝的便便。如果便便出现一些改变，颜色变深，即便能见到菜叶，妈妈也不要着急，觉得宝宝是消化不良了，而立刻停止哺喂辅食。只要宝宝的便便不稀，没有混杂着黏液，就可以继续添加辅食。

不过，妈妈一定要了解，添加辅食要慢慢来，给宝宝幼小的肠胃逐渐适应辅食的时间。如果在哺喂辅食之后，宝宝出现了腹泻，或是便中夹杂黏液，就要立刻停止哺喂辅食，待宝宝的胃肠功能恢复正常后，再重新由少量开始添加辅食。

辅食品种添加宜有序

宝宝出生后4个月就可以添加辅食了，随着消化能力和咀嚼能力的增强，辅食的品种可以越来越丰富。

（1）谷物：从米汤开始添加，接着可以添加米粉、米糊，再添加稀粥、稠粥、烂面条、软饭、疙瘩汤、饼干、面包等。

（2）蔬菜：从过滤的蔬菜水开始，到菜泥、菜末、碎菜等。

（3）水果：从果水开始添加，然后添加过滤的果汁、不过滤的全果汁，再添加水果泥、水果块，最后让宝宝拿着整个水果吃。

（4）蛋类：从蛋黄泥开始添加，7～8个月后可以喂全蛋（过敏体质的宝宝需要等到1岁以后才能吃全蛋）。

（5）肉类：未满6个月的宝宝不能添加肉类辅食，肉类辅食从肉泥开始添加，然后添加肉末、碎肉，最后可以给宝宝吃小肉丁。

辅食数量宜由少到多

每个宝宝都有自己独特的体质，不同的宝宝消化系统的完善程度和对营养的需求也不一样。开始时少量添加辅食，可以帮助妈妈更好地了解宝宝的身体状况，养育出健康的宝宝。

添加辅食的数量要从少到多慢慢增加。每添加一种新的辅食，必须先从少量喂起，同时妈妈要仔细观察宝宝，如果没有什么不良反应，再逐渐增加一些。比如蛋黄，妈妈可以先给宝宝1天吃1次，等到宝宝适应了之后再逐渐增加每天吃蛋黄的次数。

辅食种类宜按时间顺序

宝宝育龄	辅食种类
4个月	米粉、菜水、果水、蛋黄泥
5～6个月	泥糊状辅食
7～8个月	半固体辅食
9～12个月	固体辅食

辅食制作食材宜新鲜

给宝宝制作辅食，要注意的第一要素就是食材新鲜，最好是当天买当天吃。妈妈在选购食材时，应以天然、新鲜、营养、易消化吸收的标准为主。家中存放过久的食材不宜给宝宝制作辅食，这些食材不仅营养成分缺失，还容易让宝宝感染上细菌和病毒，危害宝宝健康。

辅食制作宜少量

宝宝的辅食最好是随吃随做，分量要小，够宝宝一次吃的就好。如果一次做多了，要做好后马上按照宝宝一次食用的量进行分装，储存的食物器具必须提前消毒，密封后再放入冰箱。生熟食品要分开保存，尽量在2天内吃完。

辅食制作宜现吃现做

给宝宝制作辅食的时候，最好是现吃现做。蔬菜、水果中含有丰富的维生素，但维生素容易氧化损失。如果蔬菜提前洗好、切好，长时间搁置在空气中，会因氧化而损失大量维生素。同样道理，水果去皮榨汁，也需要遵循现吃现做的原则。如果提前给水果去皮搁置，或榨好的果汁放置时间过长，不仅会使其加快氧化，增大维生素损失，还会使细菌滋生。

成品辅食宜冷藏保存

现在市面上有各种宝宝的辅食成品出售，如肉泥、肝泥、各种蔬菜泥等。这种成品辅食很受妈妈们的欢迎，不仅可选的品种多，宝宝吃起来也方便、快捷。哺喂宝宝辅食，最重要的是要确保辅食的安全、卫生。如果宝宝食量小，成品辅食一次吃不完。最好在食品开封后，取出宝宝一次食用的量，剩余的立刻密封好放入冰箱的冷藏室储存。如果妈妈打开包装后，忘记把剩余的辅食放入冰箱保存，就很难确保辅食不会被污染，因此不应再给宝宝食用了。

哺喂宝宝辅食宜注意温度

妈妈在哺喂宝宝辅食的时候，一定要注意辅食的温度。辅食过凉或过烫，都会导致宝宝抗拒。宝宝的口腔和食管都很娇嫩，对温度的感应更为敏锐，成人觉得微凉的食物，他可能觉得刚刚好。尤其是用微波炉加热的食物，妈妈哺喂宝宝前一定要搅拌均匀，避免因为加热不均烫到宝宝。

宝宝生病时辅食宜清淡

宝宝生病时因为身体不舒服，精神状态差，会厌食，辅食也会吃得少，这时候对宝宝的辅食哺喂要慎重。如果宝宝有发热、呕吐、痢疾等病症时，千万不要勉强给宝宝吃辅食，但要加大宝宝的饮水量。

在宝宝患病时，妈妈可以试着把辅食返回到上一阶段，如将稠粥换成稀粥、米糊。辅食要尽量做得软烂，口味要清淡少油腻，选择容易消化的食物。少食多餐，一次不要喂多。妈妈要切记，千万不要为了引起宝宝的食欲，在生病期间给他添加新的辅食种类，否则，宝宝可能会因不适应新食物而吃得更少。

宝宝辅食宜卫生安全

不管宝宝的辅食是妈妈制作的还是购买的成品辅食，都要确保吃到宝宝嘴里的辅食是卫生、安全、有益于宝宝生长的。妈妈自己制作辅食的时候，务必注意以下几点。

（1）餐具的卫生。如果宝宝的餐具上有水分残留，就容易滋生细菌。所以，清洗的最后一道工序最好用热开水烫一下杀菌，然后抹干。

（2）刀具、砧板的卫生。要给宝宝准备专用的刀具和砧板。每次用完后洗净，用热开水冲洗消毒。经常让刀具、砧板在阳光下晒晒。

（3）洗碗巾的卫生。宜准备单独的洗碗巾，要定期用热开水煮沸或用小苏打消毒，还要经常更换。

（4）妈妈的卫生。妈妈自己也要注意，在制作辅食前必须剪短指甲，用肥皂把手洗净。妈妈患传染病或手部发炎时，不要为宝宝制作辅食。

宜给宝宝使用素色餐具

一般妈妈都会为宝宝选择塑料的彩色餐具，餐具上有鲜艳可爱的图案深受宝宝喜爱，而且不容易破碎。但这类餐具却存在一定的危险性，比如塑料材料的餐具会分解出对人体有害物质双酚A，绘画的喷涂材料也是带有毒性的。

彩色彩陶瓷餐具同样也是不安全的，因为使用的颜料中一般都含有一定量的铅，宝宝吸收铅元素的速度比成年人快数倍，代谢出体外的量却很少，长期使用这类餐具会导致宝宝体内铅元素含量过高，影响智力发育和心血管系统的健康。因此，给宝宝选择餐具时，还是选择外观朴素、无色透明或颜色浅淡的素色餐具为好。

添加辅食宜食物替换

如果宝宝对某种辅食表现出了强烈的抵触，多次拒绝食用，这时候妈妈就不要再勉强宝宝了，不管是什么原因让宝宝讨厌这种食物，是不是暂时性的不喜欢，都应该先停止哺喂这种辅食，过段时间后再尝试。在此期间，给宝宝用相同营养成分的其他辅食替换哺喂。只要宝宝身体健康、有活力，偶尔吃得少点也无须担心，只要顺其自然就好。

辅食添加宜注意避开过敏源

添加辅食的过程中如果遇到宝宝过敏，妈妈一定要弄清楚导致宝宝过敏的原因，如果是食物引起的，就要在制作辅食时避开这种食材。一般来说，牛奶、鸡蛋、大豆、鱼类、贝壳类海产品、花生、坚果、小麦等，都是容易引起宝宝过敏的过敏源。但每个宝宝的体质不一样，具体会对哪种食物过敏，在没有试过之前也不知道。这就需要在添加辅食的过程中，新增的辅食种类要单一、小分量地添加，便于妈妈找出宝宝对哪种食物过敏。

宝宝过敏宜选择的替代食物

过敏体质的宝宝都有各自不同的过敏源，但有些食材又富含宝宝生长所需的营养。这就需要妈妈在制作辅食时，要注意有针对性地避开那些易过敏的食材，选择具有类似营养的其他食材进行补充。

（1）海产品和牛羊肉是过敏源：鸡肉、鸡蛋、猪肉可以替代，以提供丰富的蛋白质。

（2）桃、菠萝和草莓是过敏源：水果种类很多，选择具有相同营养的水果进行补充，如香蕉、苹果、梨等。

（3）鸡蛋和牛奶是过敏源：可以试用猪肉等代替。

（4）小麦是过敏源：妈妈要谨记，小麦过敏的宝宝不能吃各种小麦制品，如馒头、面包等。

宝宝辅食味道宜多样化

4～6个月是宝宝味觉发育的敏感期，如果这个阶段让宝宝尝试各种食物，给宝宝多样化的味觉刺激，就可以使宝宝日后容易接受新的食物。如果宝宝的辅食来源比较单一，就会导致味觉系统不够发达，以后能够适应的食物范围相对小很多。

一旦有了单一味道的偏好，就很容易拒绝接受新口味的食物，出现偏食或挑食。而且很多偏食的宝宝，并不是不喜欢某种食物的味道，只是因为先对这种食物的气味产生了厌恶。所以，要想避免宝宝出现偏食、挑食，最好的办法就是在宝宝味觉发育敏感期，让他多接触各种不同种类和味道的食物。

尤其是有些气味独特的食物，如香菜、韭菜、芹菜等。在宝宝几个月大时，妈妈就可以带着宝宝认一认、闻一闻，让他逐渐熟悉它们的气味。这样在将来给宝宝添加辅食时他就会比较容易接受。

宜用辅食提高宝宝免疫力

生活中，妈妈可以利用一些提高免疫力的食材，制作易于宝宝消化吸收又均衡营养的辅食，来帮助宝宝提高抵抗力。

（1）富含胡萝卜素的蔬菜：油菜、小白菜、菠菜、油麦菜等。

（2）富含维生素C的水果：山楂、橙子、猕猴桃、番茄等。

（3）富含维生素E的坚果：芝麻、花生、核桃、葵花子等。

（4）富含B族维生素的粮食：豆类、谷类和粗粮等。

辅食添加忌过早

给宝宝添加辅食，一定要结合宝宝实际月龄考虑，不能过早。4个月以前的宝宝消化系统很不完善，许多消化酶都无法产生，不具备消化辅食的能力。这个时候宝宝柔弱的消化吸收系统，也无法适应复杂的食物结构。

如果过早给宝宝添加辅食，会增加其消化系统的负担，不能消化的辅食会滞留在腹造成腹胀、积食、便秘；或增加肠蠕动，使宝宝腹泻。过早添加辅食还会给宝宝不成熟的肾脏带来很大的压力，留下健康隐患。

辅食添加忌过晚

宝宝到了6个月的时候，消化系统已经逐渐完善，味觉器官也发育了。单靠母乳已经无法满足宝宝身体快速生长所需要的能量，宝宝的免疫系统这时候也需要更为全面丰富的营养，进行自身抵抗力的构建。如果这个阶段还不开始给宝宝添加辅食，会导致宝宝营养不良或生长发育迟缓。除了影响宝宝的生长发育，还会因抵抗力下降而导致多种疾病，如贫血和佝偻病等，更会导致宝宝断奶困难。

辅食添加忌过多

妈妈要注意，给宝宝添加的辅食种类和数量一定要适度。宝宝的消化系统还在发育中，肠胃功能也比较弱。添加辅食后要注意观察，看宝宝对这种辅食的消化吸收情况怎么样。

此外，宝宝喜欢吃的辅食，请务必注意不要让他吃多，不能他要吃什么就给什么，想吃多少就给多少，否则很容易造成营养不平衡，时间长了就会养成偏食、挑食等不良的饮食习惯，还容易导致宝宝肥胖。

忌强迫宝宝吃辅食

第一次哺喂宝宝辅食的时候，如果宝宝表现的很没兴趣，一点也不配合，要么推开勺子，要么闭紧嘴巴转过头去，有的时候甚至会哭闹。这些行为都是宝宝在表示，他还没做好吃辅食的准备。这时候，妈妈千万不要勉强他，以免他对辅食产生抗拒心理。

吃辅食对于宝宝是个完全陌生的事情，要给他充分的时间去适应。给他营造轻松、开心的进食环境，要让宝宝在开心的时候接受辅食。

辅食制作忌过于精细

给宝宝添加辅食的时候要注意，要按照宝宝的月龄添加适当的辅食种类，由最初的液体、泥糊状辅食到半固体、固体类辅食。如果辅食过于精细，宝宝的口腔咀嚼功能就得不到应有的锻炼，不利于牙齿发育及长牙后牙齿排列的顺序，进而影响面部的发育。

只有经过咀嚼，食物的味道才能完全释放出来，宝宝只有多品尝食物的味道，才有利于其味觉发育。咀嚼功能弱，会造成宝宝偏食、挑食，这样长期下去，会直接影响宝宝的身体发育。

忌把辅食当主食

在辅食添加过程中，妈妈经常会走入一个误区，觉得品种丰富的辅食营养更为全面，少喝点奶也没关系。还有些妈妈因为宝宝不吃辅食，就故意减少喂奶量，希望借此迫使宝宝接受辅食。其实，这些做法都是不对的。

1岁内，宝宝的生长所需营养的主要来源还是母乳或配方奶，这期间宝宝需要保证每天摄入的总奶量要有800毫升。辅食只能作为一种补充食品，起到补充营养的作用，不能用来替代母乳或配方奶。辅食初期，最重要的目的是让宝宝体验并逐步接受奶以外的食物，锻炼口腔咀嚼、吞咽能力，刺激味觉系统的发育。

忌把米粉当主食

给宝宝初次添加辅食的时候，米粉是安全理想的好选择。但有些妈妈却将米粉当作主食喂养宝宝，这种做法是不科学的。米粉中的主要成分是碳水化合物以及微量元素，而宝宝生长发育最需要的是蛋白质。米粉中的蛋白质含量较少，无法满足宝宝生长发育的需要。如果把米粉作为主食哺喂，宝宝容易出现蛋白质缺乏症。因此，一定要在添加米粉的同时，坚持用母乳或配方奶哺喂宝宝。

冲调米粉忌水温过高或过低

冲调米粉的水温不宜太高，温度过高会导致米粉中的营养成分受损，比较合适的水温是70 ~ 80℃。如果水温过低的话，会导致米粉凝结成块不容易冲开，既影响口感，又不易被宝宝消化吸收。

如果冲调的是含有活性益生菌的米粉，则需要用温水冲调，水温要控制在45℃左右，可以有效保持益生菌的活性。

冲调米粉忌加糖

妈妈千万要注意，在给宝宝冲调米粉的时候，不要在米粉里面加糖。婴幼儿米粉有其专门的营养配方，加糖后会破坏米粉原有的成分结构，不利于宝宝消化吸收。米粉本身就有些淡甜味，清淡的味道有助于宝宝味觉系统的养成。而且宝宝的饮食习惯是从添加辅食时开始逐渐形成的，这个时期养成的饮食偏好会直接影响长大后的口味偏好。如果宝宝养成了偏甜的味觉习惯，身体会容易摄入过量的糖，代谢不掉就会转化为脂肪，导致肥胖。糖过多还容易导致宝宝龋齿。

忌用奶瓶喂糊状辅食

宝宝在添加辅食初期，为了让宝宝易于接受辅食，有些妈妈把冲调好的米粉放在奶瓶里哺喂宝宝。殊不知，这种做法对宝宝的成长发育不利。

首先，用奶瓶吃米粉，有可能引起宝宝呛咳，还不容易控制宝宝的食量，容易吃多造成宝宝超重或肥胖。其次，哺喂辅食是为了宝宝日后顺利断奶、吃饭打基础。喝奶与吃饭是不同的吞咽方式，宝宝要学习运用舌头，把食物送到咽部，再咽下去。勺子可以锻炼宝宝的口舌协调性，锻炼宝宝的咀嚼、吞咽能力。而用奶瓶哺喂辅食，会使宝宝因为吸吮的进食习惯而造成长期依赖奶瓶，影响进一步的口腔发育。

忌米粉和奶粉混合在一起吃

婴幼儿配方奶粉是经过专门的配方，加入米粉冲调会改变奶粉的配方，降低营养价值，这样混合冲调的奶粉也难以计算奶量，同样不利于宝宝健康。冲调之后不利于宝宝锻炼咀嚼能力、舌头的搅拌能力，容易造成日后吃饭困难。

宝宝辅食里忌放盐

宝宝1岁内的辅食应无盐、不加任何调味品。这个阶段，宝宝的肾脏还处于发育中，肾小管短，排泄钠盐的功能不足，肾脏无法代谢掉的钠会潴留在体内，引起局部水肿。此外，盐分过多还会导致体内钾元素的流失，钾元素流失过多，会引起心脏衰弱。

总之，过早、过量在宝宝辅食里添加盐不仅会对宝宝的肾脏造成负担，也会为成年后患上高血压埋下隐患。

宝宝忌躺着吃辅食

哺喂宝宝辅食的时候一定要采取坐姿，让宝宝坐在妈妈腿上或坐在给他准备的单独餐椅上，以培养宝宝在固定地方吃东西的习惯。有些妈妈因为宝宝喜欢躺着喝奶，所以哺喂辅食也让宝宝躺着。这种做法很危险，虽然开始宝宝会因为熟悉这种姿势，比较容易把辅食咽下去，但躺着很容易让宝宝呛着，还会让食物滞留在食管，不容易到达胃里。如果喂食当中遇到宝宝咳嗽，食物很容易卡在喉咙里。

忌忽视宝宝对辅食的过敏反应

宝宝在添加辅食的时候，由于自身的免疫系统不健全，很容易出现过敏反应。因此，妈妈在给宝宝添加新的辅食时要谨慎，每次新添加的辅食只限一种食物，添加不同品种辅食最好间隔3～4天。这样，如果宝宝出现过敏反应，就知道是那种食物引起的了。而且妈妈一定要仔细观察宝宝吃辅食后的反应，看是不是有过敏现象出现。一般过敏反应的症状是出现皮疹、腹泻或咳嗽、气喘等。这时候应立即停止吃可能引起过敏的食物，多饮白开水，促进过敏物排泄，严重的要及时去医院诊治。

 宝宝添加辅食忌不足

如果宝宝的辅食添加不足，营养不够全面，不仅会导致宝宝生长缓慢，还会影响宝宝的健康。那么，如何判断宝宝的辅食添加是否充足呢？可以通过观察宝宝的生理状态来判断，如果宝宝吃辅食后，睡眠时间长，睡眠质量好、少惊醒，不哭不闹，就说明辅食添加的质量基本可以。

妈妈还可以从定期测量宝宝的生长发育状况来判断。如果宝宝的头围、身长、体重都在正常范围内，就说明辅食添加的合适。如果与生长指标相差较多，就说明宝宝可能是辅食添加不足、不合理、营养不均衡造成的。

宝宝添加辅食忌过量

有些宝宝对辅食表现出浓厚的兴趣，胃口大、吃得多，妈妈往往会觉得这是好事，并且觉得辅食吃得越多，营养就越全面，宝宝就越健康。事实上，对宝宝吃辅食完全不加节制，很容易造成单一营养成分超标，反而会对宝宝的健康造成危害。而且添加的辅食如果种类过多，数量过大，会加重宝宝肠胃的负担，给脆弱的消化系统增加压力，易导致宝宝便秘或腹泻。

忌边吃辅食边喝水

多喝水不仅能够帮助宝宝吸收食物中的营养，还能帮助宝宝排毒、去火。为了让宝宝多喝水，妈妈是想尽了办法。但妈妈一定要注意，在哺喂宝宝辅食的时候，不能一边喂食一边喂水。因为宝宝的肠胃装满了食物，胃液处于分泌消化状态，这时候喝水会冲淡胃液的浓度，影响宝宝的正常消化。

忌哺喂宝宝成人食物

在用餐的时候，有时宝宝会主动要求，有时妈妈会不经意哺喂给宝宝成人的饭菜。这种做法应禁止。妈妈一定要谨记，从辅食初期，是不能给宝宝哺喂成人的食物的。宝宝的辅食应该按照宝宝的成长需求单独制作。由于宝宝的消化系统还不健全，成人多油、多盐的食物会给宝宝的肠胃造成负担，不利于宝宝消化吸收。而且这种做法还容易造成宝宝喜欢重口味的食物，拒绝吃专门为宝宝准备的

营养全面、口味清淡的辅食。

 忌哺喂宝宝成人嚼过的食物

宝宝的肠胃功能及免疫系统都不健全，很容易感染病菌，给宝宝哺喂辅食时一定要注意卫生。尤其要注意，妈妈不能把嚼碎的食物哺喂给宝宝。成人的口腔环境较为复杂，很容易把细菌带到咀嚼后的食物里，容易把疾病传染给宝宝。而且咀嚼过的食物，营养成分损失严重，给宝宝吃这样的食物会造成营养不良。如果担心宝宝咀嚼不了，妈妈可以把食物加工成泥糊状后再喂给宝宝。

忌阻止宝宝手抓食物

宝宝在8～10个月开始表现出喜欢动手了，哺喂辅食的时候也不老实，会抓碗、抓勺，用手把食物扒拉得到处都是，妈妈不要阻止宝宝的这种"捣乱"行为。通过用手抓、捏食物，宝宝可以初步了解食物的形状和特性，逐渐熟悉食物，有助于宝宝长大后不偏食。手抓食物还能训练手部精细动作的发展、手臂肌肉的协调性及手眼的平衡能力。同时，宝宝用手抓食物还能获得愉快的体验，增进宝宝的食欲、培养宝宝的自信心。宝宝喜欢用手抓饭吃，是学习吃饭的必经过程，也是在为日后拿勺子吃饭做准备。

辅食忌重复加热

哺喂宝宝的辅食温度要适中，不能过热或过冷。提前准备好的辅食在哺喂前一定要加热，辅食做好后只能加热一次，不要多次重复加热，多次加热会破坏辅食中的营养成分，不利于宝宝的健康。任何经过加热过的或宝宝吃剩的食物，如果吃不完就要扔掉。因为接触过宝宝的唾液后，食物里面的细菌会加速繁殖，容易使食物变质。

制作辅食忌使用铜、铝炊具

妈妈给宝宝制作辅食时，要注意炊具的选择。不要使用铜、铝材质的炊具来给宝宝制作辅食。铜会和食物中的维生素C产生氧化反应，破坏维生素C的作用。而铝在酸性环境下会溶解在食物中，不仅会破坏人体正常的钙磷比例，影响人的骨骼、牙齿的生长发育和新陈代谢，还会影响某些消化酶的活性，使胃的消化功能减弱，对宝宝的健康不利。

周岁内宝宝忌添加的辅食

为了宝宝安全健康地成长，周岁内的宝宝最好不要添加下列辅食。

（1）忌喝鲜奶：鲜牛奶不易消化，易加重宝宝的肾脏负担。

（2）忌喝酸奶：酸奶容易刺激肠胃，易引发肠道疾病。

（3）忌吃鸡蛋清：容易引发过敏，如湿疹、荨麻疹等。

（4）忌吃蜂蜜：蜂蜜中可能含肉毒杆菌，又不能高温消毒，不适合宝宝食用。

（5）忌颗粒状辅食：坚果、爆米花、糖块、荔枝等，易噎到宝宝。

（6）忌吃有壳的海鲜类食物：容易引起食物过敏，如虾、蛤蜊等。

 营养饮食

 宜

 宝宝饮食宜做"加法"

宝宝开始吃饭了，在这一宝宝快速生长发育的时期，尤其要注意食物中蛋白质和矿物质的摄入量。

妈妈应经常给宝宝吃富含优质蛋白质的食物，如奶或配方奶、奶制品、鱼虾等海产品、豆类及豆制品、瘦肉、蛋类等。

要为宝宝适当补充矿物质，如钙、铁、锌等微量元素，合理补充有利于宝宝牙齿、骨骼的发育，可以预防缺铁性贫血，能有效增强体质。不过，在补充矿物质时，也并非多多益善，应注意适量即可，否则同样会危害宝宝健康。

宝宝饮食宜做"减法"

对于那些不利宝宝健康成长的食物，要尽量少吃或不吃。

（1）各种甜品、冷饮、果汁、碳酸饮料、膨化食品、油炸食品、果冻、蜂蜜、酸奶。

（2）含有高脂肪、高热量、高糖的洋快餐也应少吃。

（3）香肠及腌制食品（咸肉、腊肉、咸鱼、咸菜等），这些含盐量高的食品，在制作过程中会产生大量亚硝酸盐、黄曲霉毒素等，长期食用有致癌的可能。

宝宝饮食宜做"乘法"

宝宝饮食中普遍存在对蔬菜类食品摄入量少的情况，妈妈对此要注意在宝宝的饮食中加倍供给。如各种绿叶菜、红色菜、黄色菜中含有大量维生素、微量元素、矿物质等，特别是维生素C、B族维生素、β-胡萝卜素、钙、铁及膳食纤维等。

主食中要安排一定量的粗粮、杂豆，做到粗细搭配。粗粮中富含的维生素B$_1$和膳食纤维，有利于调理宝宝胃肠功能，防止便秘。各种杂豆、小米、玉米渣、麦片、荞麦、薯类等，可以做成小食品，妈妈要鼓励宝宝多吃。

宝宝饮食宜做"除法"

有些会危害宝宝健康的食品要禁止给宝宝食用。如含铅量较高的松花蛋、爆米花等，可能含有激素的蜂王浆、蜂胶、花粉制品、蚕蛹、人参类补品等。含激素食品会促使快速生长发育期的宝宝骨骺提前闭合，缩短骨骺的生长期，影响宝宝的身高，甚至导致宝宝性早熟，并由此带来一些心理问题，同时可能引起血压增高等不良反应。

宜多给宝宝吃新鲜蔬菜

给宝宝吃蔬菜时要注意，无论什么季节都应以新鲜为主。因为蔬菜中维生素C含量的多少，与它的新鲜程度密切相关。蔬菜存放的时间越长，维生素C就会流失得越多。即便是蔬菜淡季也不要买太多的菜存放在家里，最好现吃现买，这样才能保证蔬菜的营养。

哺喂宝宝蔬菜宜引导

（1）相对而言，蔬菜类是比较粗糙的食物，缺少滋味，吃起来感觉不好。因此，对那些比较挑剔的宝宝，应该注意选择鲜嫩、多汁、吃起来口感比较好的蔬菜品种，可以配合肉、鱼、虾等汤汁提味，或与这些食物混合成馅烹调。

（2）很多蔬菜具有共同的营养特点，因此不要刻意让宝宝必须爱吃每一种蔬菜，可以容忍宝宝不爱吃个别蔬菜，宝宝喜欢吃的可以适当多安排。

（3）随着宝宝的成长和认知能力的发展，爸爸妈妈要配合语言给予适时教育，让宝宝受到吃菜"能长个儿"、"能更聪明"的熏陶。

宝宝的饮食宜清淡

宝宝在添加辅食阶段是味蕾发育和口味偏好形成的关键时期。清淡的饮食不仅有益宝宝形成敏锐的味觉系统，还能帮助宝宝养成良好的饮食习惯，使宝宝受益终生。清淡饮食是指少油、少盐、少调味品的食物。少了额外添加剂的食物，能最大限度地保留食物的原味，也能最大程度地保留食物的营养成分。

宝宝的饮食宜温软

哺喂宝宝的饮食首先要温度适宜，过烫的饮食对食管和胃黏膜都有损伤，过凉的食物也会损害健康。尽量不要用微波炉加热，以免食物加热不均烫伤宝宝。

其次，食物质地不要太硬，太硬不利于宝宝消化。要根据宝宝的消化接受能力，调节食物的形状和软硬度。饮食初期宜将食物处理成液体、泥糊状，慢慢地过渡到半固体、碎末状，再到小片成形的固体食物。较硬的食材和肉类一定要煮烂，以便于宝宝消化吸收。

宜适当多吃富含钙的食物

宝宝成长需要大量的钙，钙的主要来源最好通过食补，即多摄取富含钙的食物，如牛奶及奶制品、大豆及大豆制品、虾皮、芝麻酱等。对宝宝而言，每天都要食用奶类食品，因为奶类和奶制品含钙量丰富，而且易于吸收，如1瓶牛奶（220毫升）的含钙量约200毫克，要是每天能喝上1～2瓶鲜牛奶，就可以得到200～400毫克的钙，再加上其他食物中的钙，合起来就能满足宝宝一天的需求量。

值得一提的是，奶酪含钙量也很高，妈妈可以制作蔬菜奶酪汉堡包，以帮助宝宝增加钙的摄取。此外，豆类及豆制品的含钙量也较高，最好能每天食用25～50克。

宜适当多吃富含铜的食物

铜是人体必需的微量元素，它参与体内30余种重要酶的构成。铜的正常供给才能保证这些酶的活性，使大脑、骨骼、肝脏、神经及免疫系统的功能得以正常发挥。铜元素缺乏，会导致骨骼发育异常、智力发育停滞。因此，妈妈宜给宝宝适当多吃些富含铜的食物，如蛋黄、瘦肉、鱼、虾、核桃、腰果、蚕豆、豌豆、小麦、白菜、黄豆、菠菜、番茄、马铃薯、紫菜、葡萄干等。

宜适当多吃富含铁的食物

铁不仅是构成血红蛋白、肌红蛋白的原料，还是维持正常生命活动、促进能量代谢的重要酶类的组成部分。铁的功能并不仅限于造血，还能清除血脂，参与肝脏的解毒作用。如果饮食中摄取的铁不足，就会引起缺铁性贫血。

缺铁性贫血是宝宝成长期间常见的疾病。预防宝宝缺铁性贫血，妈妈宜给宝宝适当多吃含铁量丰富的食物，如猪肝、鸡肝、牛肉、紫菜、海带、红枣、芝麻酱、油菜、香菇、银耳、芹菜、荠菜、黑木耳等。还要注意的是，妈妈在给宝宝补充铁含量高的食物的同时，最好同时给宝宝多吃一些富含维生素C的蔬菜、水果，这些食物对提高铁的吸收率非常有益。

宜适当多吃富含锌的食物

锌是人体必需微量元素中较为重要的一种，直接影响宝宝的生长发育、免疫功能及性发育。缺锌会导致抵抗力下降，容易患感冒、肺炎和支气管炎等呼吸道疾病；还会损伤味蕾功能，使味觉系统出现异常，导致味觉迟钝、嗅觉异常、厌食；严重的甚至会影响生长发育，导致智力低下。所以，在宝宝生长发育阶段，妈妈要注意给宝宝吃些富含锌的食物，如牛奶、瘦猪肉、猪肾、猪肝、羊肉、鸡肉、鸡蛋、带鱼、沙丁鱼、鲤鱼、黄鱼、虾皮、花生、黄豆、玉米面、小米、芹菜、紫菜、白萝卜、胡萝卜、茄子、土豆、苹果、香蕉、核桃、栗子等。

宝宝饮食宜粗细粮搭配

大米、白面类食物，易消化吸收且不易致敏，是妈妈给宝宝添加辅食的好选择。但精白米面在加工时，谷物中含有的大量矿物质和维生素已经流失。尤其是B族维生素，它对于宝宝的神经系统发育极为重要。因此，妈妈要注意在宝宝饮食中适量加上一些粗粮。但对于宝宝来说，全粗粮饮食也不健康，会引起宝宝肠胃不适。所以，为了宝宝的健康着想，妈妈要学会粗细粮搭配。

 宝宝饮食宜花样搭配

宝宝对食物比较挑剔，很容易就拒绝某种食物。因此，妈妈在给宝宝制作饮食时，宜多花点心思，在饮食的色、香、味上多下点工夫。

（1）食物巧造型。宝宝一旦对某种食物有了不好的印象，下次就不愿意再尝试了。这时候，妈妈不妨改变食材的形状，将其切碎、磨泥、打汁或利用模具把食物做成可爱、有趣的形状，消除宝宝之前的不愉快记忆，引起他的食欲，让他在不知不觉中吃进去。

（2）烹调换方式。同一种食材可以用不同的烹调方法制作，或加相应的辅料一同制作，使食物在颜色、味道上有所改变，以吸引宝宝的兴趣。

（3）装饰分散法。在做好的食品上加些小装饰，用来分散宝宝的注意力。如把胡萝卜切成星星状成心状摆盘，或用番茄酱在米饭上画简单的图案等。

（4）味道调整法。有些食物的本味较重，容易遭到宝宝的拒绝，如芹菜、羊肉、萝卜等。这时候就需要妈妈多花点心思在去除食材的味道上，如烹调前不仅要把食材清洗干净，最好先用水泡一下去味，或在烹调的时候加柠檬或姜片去味。

（5）新旧组合法。妈妈要多鼓励宝宝尝试新食物，可以经常试着用宝宝喜欢的食材搭配新食材制作菜品。

宝宝饮食制作宜少油

母乳和配方奶中含有的脂肪足够6个月内宝宝的需求，所以宝宝未满6个月前不用在辅食中添加食用油。6个月后，妈妈可以在辅食中滴几滴食用油为宝宝补充脂肪。6个月到1岁的宝宝每天的食油量为5～10克，相当于家用小瓷勺半勺到1勺的量。给宝宝添加食用油最好选择植物油，植物油中含有大量的不饱和脂肪酸，是宝宝神经发育必需的营养素。

蛋白质补充宜适量

过量的蛋白质对健康有害无益，会增加宝宝的肾脏负担，影响心脏、大脑功能，降低免疫力，引发多动症。宝宝需不需要补充蛋白粉，妈妈最好咨询专业医生。快满3岁的宝宝每天需要蛋白质约40克，营养均衡的宝宝可以从奶、蛋、肉、鱼、豆制品及主食中获得充足的蛋白质，不需要额外补充。

宝宝宜少吃高糖食物

宝宝吃过量的高糖食物不仅会造成龋齿，还会增加肾脏负担，并对心血管系统造成危害。因此，宝宝宜少吃高糖食物，如糖果、巧克力、甜饮料、果酱面包、甜甜圈、夹心饼干、冰淇淋、冰棍、水果沙冰、水果罐头等都应尽量少吃。

给宝宝选适宜吃的鱼

鱼肉营养丰富而易于人体消化吸收，所含的优质蛋白质、脂溶性维生素及多种矿物质都是宝宝生长发育不可或缺的营养物质。妈妈在给宝宝选择鱼的时候，应该考虑宝宝的实际情况，如消化能力、吸收能力、年龄等。

一般说来，海水鱼富含二十二碳六烯酸（DHA），但海水鱼中的脂肪含量较高，消化能力差的宝宝食用后会出现腹泻等消化不良症状。与海水鱼相比，淡水鱼油脂含量相对较少，有助于宝宝消化吸收，但淡水鱼的刺又小又多，一不小心就卡着宝宝了，所以1岁以内的宝宝不太适合吃淡水鱼。

适合大部分宝宝食用的鱼有带鱼、黄花鱼、三文鱼、鲈鱼和鳗鱼。而罗非鱼、鲶鱼、金枪鱼、鲨鱼、方头鱼、旗鱼、箭鱼等体型较大的食肉鱼不适合宝宝食用，它们体内含有过量的汞，会损害宝宝的大脑及神经系统。

宝宝宜吃些菌类食物

菌类食物一直以其高蛋白、低脂肪、低热量，富含维生素及多种矿物质的特点受到营养师的推崇。菌类的品种繁多，营养丰富，对宝宝的成长非常有利。

如金针菇含有宝宝生长发育所必需的赖氨酸、精氨酸，对促进宝宝记忆、开发智力有特殊作用；黑木耳中铁、钙含量很高，常吃可以预防宝宝缺铁性贫血；香菇热量低，蛋白质、维生素含量高，能提供宝宝身体所需的多种维生素，有利于宝宝的生长发育。

不过，宝宝的消化系统比较娇弱，制作菌类食物时一定要洗净、蒸透、煮烂。菌类虽然营养丰富，但宝宝一次不宜吃太多，并且要搭配其他食物才能发挥其营养价值。

两餐之间宜添加零食

宝宝活动量大，有时正餐提供的能量不能延续到下顿正餐，所以在两顿正餐之间适当补充一些零食，才能保证宝宝的身体所需。对于零食的选择，可挑选有营养的季节性蔬菜、水果，还可以选择牛奶、蛋、豆浆、豆花、面包、马铃薯、甘薯等。

但要注意，含有过多油脂、糖或盐的食物，如薯条、炸鸡、奶昔、糖果、巧克力、夹心饼干、可乐和各种软饮料等，都不适合作为宝宝的零食。

此外，宝宝吃零食的时间也是很有讲究的。零食宜安排在饭前2小时吃，量以不影响正常食欲为原则。

宝宝吃坚果宜注意

坚果含有丰富的DHA，可以促进宝宝大脑发育。坚果中还含有丰富而多样的脂溶性维生素及矿物质，如维生素A、钙、锌等，这些营养素对于宝宝的视力发育必不可少。但宝宝年纪小，吃坚果还有许多要注意的事情。

（1）不要整粒吃。整粒坚果不能被宝宝嚼碎，容易呛入气管或引起消化不良，最好将坚果处理成粉末或浆，再加工成食物给宝宝吃。

（2）不要吃调味坚果。加入盐、糖等调味品加工过的坚果卫生无法保证，营养也不如原味坚果。

（3）不要过量。建议每天给宝宝吃小半把花生或4个腰果或2个核桃。

（4）不吃变质坚果。坚果受潮后会产生致癌物质，如果发现坚果发软变味，千万不要再给宝宝吃。

宜吃芝麻酱、奶酪补钙

芝麻酱的含钙量仅次于虾皮，是补充人体所需钙质的优质食材，适量给宝宝食用可以有效预防佝偻病和缺铁性贫血，促进骨骼和牙齿发育，还能增进宝宝的食欲。建议妈妈不要给太小的宝宝食用，7个月后给宝宝食用比较安全，每次不要吃太多，每天10克为宜，以免造成腹泻。如果宝宝腹泻了，就不要再吃芝麻酱了。

奶酪是含钙量最丰富的乳制品，也容易被人体吸收，但1岁以内的宝宝不适合食用，原因在于奶酪中含有大量的饱和脂肪酸，宝宝的消化功能弱，吃了奶酪容易引起消化不良，导致腹泻。

宝宝早餐宜吃好

由于宝宝的胃容量有限，上午的活动量又比较大，所以早晨这顿饭尤为重要。8月龄以上的宝宝早餐要吃饱吃好，是指早餐应该进行科学搭配。一顿营养全面的早餐应该含有丰富的能量、碳水化合物、蛋白质、矿物质及维生素，包括谷物、奶类及其制品、蛋类或肉类及最容易被忽视的蔬菜和水果。传统的粥、鸡蛋、馒头配上新鲜的水果和蔬菜就是一顿营养丰富而均衡的早餐了，用新鲜蔬菜和鸡蛋、肉类一起煮面也是不错的早餐选择。

宝宝晚餐宜吃饱、吃好

"晚餐要吃少"是对成年人，尤其是老年人而言的，对宝宝来说，则应另当别论。宝宝正处于生长发育的旺盛时期，不论身体生长还是大脑发育均需大量的营养物质加以补充。晚餐距次日早晨的时间间隔有12小时左右，虽说睡眠时无需补充食物，但宝宝的生长发育一刻也不会停止，夜间也一样，仍需一定的营养物质。如果晚餐吃得太少太差，则无法满足这种需求，长此以往，就会影响宝宝的生长发育。可见，宝宝的晚餐不仅不能少吃，还应吃饱、吃好。如果宝宝的体重已经超重甚至发胖，则应坚持"晚餐吃少"的原则，但这个"少"指的是热量要少，而不是减少数量。

宝宝适宜三餐两点

1～2岁的宝宝胃容量有限，所以每次进食量不多，除了日常正规的和大人一样的一日三餐外，还应另外加两次点心，以帮助宝宝补充充足的食物和能量。

如果宝宝是和大人一起吃饭的话，宝宝的饭应该单独做，少放盐、糖等调味品，要比成人的饭菜软一些。

两餐之间加入两次点心，可以吃水果、奶制品，或面包、蛋糕、饼干，也可以同时让宝宝吃两种，如酸奶和水果、酸奶和面包等。

宝宝补充高钙奶宜谨慎

高钙奶中添加的钙多数属于化学钙，与有机钙不同，这种钙不易被人体吸收，吸收率一般只有30%～40%。

1～3岁的宝宝每天需要600～800毫克的钙。奶制品中富含钙质且吸收率高，每天500毫升左右的奶即可满足大部分钙质的需求，同时每天食用的肉类、鱼类、蛋类、豆类及谷物中都含有一定量的钙，饮食均衡、食物多样化的宝宝没有必要喝高钙奶，多余的钙不但不能被人体吸收还会加重身体的负担，在体内沉积之后有可能形成结石。

宝宝宜少吃反式脂肪食物

反式脂肪又叫反式脂肪酸，是油脂在"氢化"加工过程中的产物。反式脂肪会降低记忆力、影响宝宝的生长发育。所以，妈妈要尽可能不让宝宝吃含有反式脂肪酸的食物。

首先，平时妈妈做菜时不要等到油冒烟了再开始烹调，这个时候已经有反式脂肪产生了，植物油烧至七分热为宜，不应过度加热。另外，反复加热的油会导致反式脂肪大量产生，因此炸过食物的食用油不可反复使用，最好倒掉。

其次，所有含有"氢化油"或使用"氢化油"油炸过的食品都含有反式脂肪，如西式糕点、油炸食品和洋快餐，妈妈宜让宝宝少吃或不吃。

最后，妈妈在购买食物，尤其是西式零食时，应仔细查看食品成分表，标有"植物奶油""人造酥油""雪白奶油""起酥油""氢化植物油""部分氢化植物油""氢化脂肪"等字样的食品都含有反式脂肪。

宝宝吃水果宜适量

水果对宝宝的成长有益，但也不能吃得太多。宝宝的胃容量较小，如果吃了太多的水果，会影响宝宝正常吃饭，从主食里摄取的热能和营养素不足，势必会影响宝宝的生长发育。

此外，水果中含糖量较高，吃得太多，大量糖分不能被代谢吸收就会在潴留在肾脏中，长期下去，肾脏就会得病。摄入大量果糖还会使身体缺铜，导致血液内胆固醇增高引发冠心病。某些水果中含有过多的酸，如李子、杏等，这些酸在宝宝的体内很难被氧化分解，就会破坏体内的酸碱平衡，吃得过多还可能引起中毒。总之，宝宝吃水果也应适量，一次不宜吃得过多。

吃水果的时间宜讲究

宝宝吃水果的最佳时间是正餐后半小时。如果在餐前食用，易导致宝宝正餐吃得少，影响营养素的摄入。如果饭后立刻就吃水果，由于水果中有不少单糖物质，容易堵在胃中，形成胃胀气，还可能引起便秘。

妈妈可以把宝宝食用水果的时间安排在两餐之间，或是午睡醒来后，让宝宝把水果当作点心吃；每次给宝宝的水果量50～100克为宜，还可根据宝宝的年龄大小及消化能力，把水果制成适合宝宝消化吸收的果汁或果泥。

宜配合宝宝体质吃水果

给宝宝吃水果时，宜挑选与宝宝的体质、身体状况相宜的水果。如舌苔厚、便秘的宝宝体质偏热，应少吃热性水果，如荔枝、橘子等；最好吃凉性水果，如梨、西瓜、香蕉、猕猴桃等，它们可以去火。而体质虚寒的宝宝，要少吃凉性水果，如西瓜、梨、柚子等；可多吃荔枝、桂圆、桃、番石榴、榴莲、杏等温热水果。

另外，正在发热或正在发炎的宝宝，要避免食用温热水果。消化不良的宝宝应吃熟苹果泥，而食用配方奶便秘的宝宝则适宜吃生苹果泥。宝宝患感冒、咳嗽时，可以用梨加冰糖炖水喝，因为梨性寒、生津润肺，可以清肺热，但如果宝宝腹泻就不宜吃梨。宝宝皮肤生痈疮时不宜吃桃，这样会使宝宝的病情加重。对于一些体重超标的宝宝，妈妈要控制水果的摄入量，或挑选含糖量较低的水果。

宝宝忌偏食、挑食

饮食结构全面、粗细搭配、营养均衡有利宝宝健康成长，而偏食、挑食则会对宝宝的健康造成危害，直接影响身体的正常发育。如果缺乏微量元素钙、铁、锌等，不仅容易患各种疾病，严重的还会直接影响大脑和智力的发育。

维生素缺乏也会引起各种疾病，如维生素A缺乏会患夜盲症，维生素C缺乏易患坏血病，维生素D缺乏会患软骨病等。因此，妈妈要注意及时纠正宝宝偏食、挑食的不良习惯。

忌让宝宝吃得过饱

俗话说："若要小儿安，三分饥与寒。"妈妈在哺喂宝宝的时候，要注意不要让宝宝吃得太饱。宝宝如果吃得太饱，容易出现下列问题。

（1）消化系统受损。宝宝消化系统的发育还在慢慢完善中，消化能力比较弱。消化器官所分泌的消化酶活性比较低，量也比较小。在这种情况下，如果吃得太饱，就会加重宝宝肠道功能负荷，增加消化器官的工作负担，引起消化不良，还会引发积食造成便秘，或出现过食性腹泻。

（2）影响智力发育。宝宝长期吃得太饱会影响大脑发育。吃得过多，血液和氧气会优先供给消化系统，大脑容易缺血缺氧产生脑疲劳；主管胃肠消化的大脑区域兴奋的时间过多，就会抑制大脑智能区域的生理功能，影响大脑的智力发育。

（3）影响身高。在血糖低也就是饥饿状态下，会促进脑垂体更多地分泌生长激素，刺激宝宝骨骼生长。如果宝宝长期吃得太饱，就会阻止饥饿状态下生长激素的分泌，影响宝宝的身高发育。

宝宝不宜吃过多的糕点

现在市面上的糕点几乎都含有反式脂肪酸、高果糖浆、甜味添加剂、色素，这些成分会影响宝宝的健康。反式脂肪酸会对中枢神经系统发育产生不良影响；高果糖和甜味添加剂会增加患心脏病和糖尿病的危险；如果色素中混用了工业原料，宝宝吃后还会影响消化系统，使新陈代谢紊乱。

很多食物的添加剂都含有铅，若宝宝经常食用这些糕点，铅元素摄入过量，会直接影响智力发育。合成原料过多的食物会加重宝宝消化系统的负担，糕点的味道浓烈，易导致消化不良、食欲不振，影响宝宝的生长发育。

宝宝饮食不宜放味精

味精的主要成分是谷氨酸钠，在消化过程中会转变成一种抑制性神经递质，摄入过多，会干扰神经系统，出现眩晕、头痛、肌肉痉挛等症状。此外，如果摄入味精过多，会妨碍宝宝的骨骼发育；引起血液中谷氨酸含量增高，限制人体对矿物质的利用；会和体内的锌元素结合，易导致宝宝缺锌。

研究发现，如果宝宝长期食用味精，还会降低抵抗力，减少对维生素的吸收。时间长了，会使宝宝味觉变得迟钝、口味重，加重肠胃的负担，对肾脏造成一定的危害。所以，妈妈给宝宝烹调食物时最好不要放味精，可以利用一些天然食材（虾米、香菇等）的鲜味为菜肴增鲜。

不宜给宝宝吃罐头食品

罐头食品在加工过程中不仅要经过高温蒸煮，还要采用超高温消毒灭菌，使食物中的很多维生素都被破坏了。为了保持罐头食品的色泽鲜艳、口感好，还经常要添加一些辅料，如人工色素、香精、甜味剂等，制作肉类罐头还要添加一定量的硝酸盐和亚硝酸盐，这些添加剂都会增加肝肾的负担，不利于宝宝的成长发育。另外，焊锡封口的罐头食品还会导致重金属易于进入宝宝体内，从而影响健康。因此，妈妈尽量不要给宝宝食用罐头食品。

忌忽视宝宝营养不良的信号

宝宝营养不良主要表现为体重增长缓慢或不增加甚至减轻，面黄肌瘦，皮下脂肪减少，皮肤松弛、弹性差，头发干枯无光泽，食欲不振，免疫力低下，经常生病，生病后自愈能力差。那么，如何预防宝宝营养不良呢？

（1）营养均衡是预防营养不良的关键。妈妈不能只给宝宝吃自认为有营养的食物，忽视那些看起来营养价值不高的食物，食物种类丰富全面才能保证宝宝摄入生长发育所需的全部营养。

（2）饮食定时定量同样有助于预防营养不良。这是因为定时定量进餐对宝宝的消化系统有益，不会引起腹胀、腹泻、呕吐等不适。杜绝填鸭式喂养，合理安排每天的零食，避免饮食不节伤害宝宝的脾胃。

（3）有些营养不良是疾病所致。妈妈应留心宝宝的日常起居，努力找到原发疾病，最好能带宝宝到医院检查一下，积极治疗原发病。

不宜给宝宝吃果冻

又软又滑的果冻容易呛入宝宝的气管，造成咳嗽甚至窒息。把果冻捣碎了再给宝宝吃也不安全，因为果冻中含有甜味剂、酸味剂、增稠剂、香精、着色剂等添加剂，摄入量过多有一定的毒性，含糖量高的果冻吃多了还会消耗体内的B族维生素，易导致宝宝注意力不集中、暴躁易怒、多动。

忌给宝宝喝碳酸饮料

碳酸饮料中含有大量的色素、添加剂、防腐剂等物质。碳酸饮料含有一定的热量，会使宝宝身体内的热量过剩而转化为脂肪，易造成肥胖。饮料中的酸性物质会软化牙釉质，易造成宝宝龋齿。碳酸饮料中含有大量的二氧化碳，对体内的有益菌会产生抑制作用，还很容易引起腹胀，影响宝宝的食欲，甚至造成肠胃功能紊乱，诱发肠胃疾病。许多碳酸饮料中都含有磷酸，宝宝摄入大量的磷酸会影响钙的吸收，势必危害宝宝的生长发育。此外，碳酸饮料进入宝宝体内后，需经由肝脏解毒，然后经过肾脏过滤排出体外，无形中加重了肝、肾的负担。有些碳酸饮料中还含有咖啡因等成分，会妨碍宝宝的神经系统，易使宝宝出现情绪不稳定。总之，碳酸饮料对宝宝健康的危害很大，妈妈千万不要给宝宝喝碳酸饮料。

不宜给宝宝喝过多的果汁

许多妈妈选择给宝宝喝果汁，希望给宝宝多补充一些维生素C。适当给宝宝喝些果汁对健康有益，但过量饮用反而有害。果汁中含有丰富的果糖，果糖过多会影响人体对铜的吸收，进而易造成贫血；还容易形成脂肪，诱发高血压和心脏病。

果汁中的某些成分还可以和钙离子结合，使血钙浓度降低，引起宝宝多汗、情绪不稳，甚至骨骼畸形等缺钙症状。果汁中的色素如果在体内积蓄过量，不仅导致小儿多动症，而且会使蛋白质、脂肪和糖的代谢发生障碍，影响宝宝的生长发育。

忌给宝宝吃粽子

粽子一般是用糯米制作的，糯米相对大米要难消化一些。这是因为相对于大米的80%"直链淀粉"而言，糯米的淀粉成分几乎100%为支链淀粉。人的肠胃很难消化支链淀粉，所以吃糯米制成的食物会感觉消化不良。宝宝的肠胃功能不如成人发达，消化糯米类的食物更是困难。

此外，不管是肉粽还是素粽，都含有过多的脂肪、盐、糖。加上糯米的黏度高、不易消化，且缺乏纤维，很容易造成宝宝消化不良。因此，妈妈最好不要给宝宝吃粽子。

忌给宝宝吃豆腐乳

豆腐乳是腌制品，盐和嘌呤的含量较高。豆腐乳吃多了，会妨碍人体对铁的吸收，容易引起贫血，还会导致消化不良，使宝宝不爱吃饭。豆腐乳中盐的含量过高，会加重宝宝肾脏的排毒负担。此外，豆腐乳中还含有一定量的食品添加剂，这些都会对宝宝的健康成长造成危害。

不宜让宝宝太早用筷子

用筷子吃饭，对宝宝来说是件很不容易的事情。用筷子夹菜这一动作，会牵动包括肩部、胳膊、手掌、手指等30多个大小关节和50多条肌肉。如果宝宝的手部关节和肌肉还没有完全发育好，学习起来就会很困难，很容易手眼动作不协调把饭碗弄翻。用筷子虽然可以促进大脑发育，但也要以大脑发育至一定水平为前提，不能过早。

一般来说，宝宝可以从3～4岁起练习使用筷子。过早训练宝宝用筷子，失败过多会影响宝宝对吃饭的兴趣，从而挫伤宝宝自主进餐的积极性和自信心。

不宜多给宝宝吃反季节蔬菜

反季节蔬菜主要是指秋天延后上市或春季提前生产的蔬菜，主要是在温室栽培的大棚里进行种植的。妈妈应尽量给宝宝选购应季新鲜的蔬菜，反季节蔬菜不如时令蔬菜营养价值高，味道也稍差。如果在冬季蔬菜种类偏少的情况下，可以少量购买反季节蔬菜。

吃反季节蔬菜时要注意，反季节蔬菜中重金属含量和农药残留易偏高，需多吃有助排毒的食物，如黑木耳、猪血等。反季节蔬果中矿物质含量相对较低，应多补充矿物质，如乳制品、虾皮、蛋黄等。

忌用水果代替蔬菜

妈妈不要因为宝宝喜欢吃水果，不喜欢吃蔬菜，就用水果代替蔬菜，这种做法会影响宝宝的正常发育。水果与蔬菜营养差异很大，新鲜蔬菜不但富含宝宝生长发育所必需的维生素、矿物质，还能帮助机体有效吸收蛋白质、糖类和脂肪。尤其是深色蔬菜中，B族维生素及胡萝卜素的含量远高于水果。另外，某些蔬菜中还有杀菌、助消化的成分，这些均是水果所不具备的。

与蔬菜相比，水果中的无机盐、粗纤维含量也较少，不能有效促进肠蠕动，不利于对钙、铁的吸收。如果用水果代替蔬菜，就会导致果糖过量。当宝宝体内果糖太多时，会影响骨骼的发育，还会产生饱腹感，使宝宝的食欲下降。

宝宝吃鸡蛋有禁忌

（1）给宝宝吃鸡蛋忌量多。宝宝的消化能力差，如果吃鸡蛋过多，不但容易引起消化不良，而且由于鸡蛋蛋白中含有一种抗生物素蛋白，在肠道中与生物素结合后，能阻止吸收，易造成宝宝维生素缺乏。

（2）半岁前的宝宝忌吃蛋白。6个月前宝宝的消化系统发育尚不完善，鸡蛋清中白蛋白分子较小，可通过肠壁而直接进入血液，导致宝宝产生过敏现象，发生湿疹、荨麻疹等。

（3）忌吃未熟的鸡蛋。未熟的鸡蛋易携带沙门氏菌，所以不管煎蛋还是煮蛋，给宝宝做都需要全熟。

（4）发热宝宝忌吃鸡蛋。宝宝发热时吃蛋白，易导致体温升高，不利于疾病康复。

忌给宝宝吃彩色加工食品

色彩鲜艳的食物能引起宝宝的食欲和兴趣，不过市场上出售的各种彩色食品并不适合宝宝吃。这类食品拥有的吸引眼球的颜色大部分来自合成色素，含有一定的毒性，宝宝经常吃这类食物会消耗体内的解毒物质，易引发慢性中毒甚至多动症。

妈妈可以利用蔬菜和水果的天然颜色制作出健康的彩色食物，如用苋菜汁和面可以做出粉红色的面条，用菠菜汁和面可以包出碧绿色的饺子等。

不宜给宝宝吃过量的胡萝卜

胡萝卜营养价值很高，含有丰富的胡萝卜素，在蔬菜中名列前茅。但胡萝卜吃得过多，宝宝会患高胡萝卜素血症，宝宝的皮肤会发黄。胡萝卜里含有大量的胡萝卜素，如果在短时间内吃了大量的胡萝卜，那么摄入的胡萝卜素就会过多，肝脏来不及将其转化成维生素A，多余的胡萝卜素就会随着血液流到全身各处，这时宝宝可出现手掌、足掌和鼻尖、鼻唇沟、前额等处皮肤黄染（但巩膜、黏膜无黄染，这一点与肝炎引起的黄疸不一样），但无其他症状。严重者黄染部位可遍及全身，同时宝宝可能出现恶心、呕吐、食欲不振、全身乏力等症状。

不过，如果宝宝出现高胡萝卜素血症，妈妈也不必太过紧张。因为只要停吃几天胡萝卜，宝宝的皮肤黄色就会褪去。当然，毕竟高胡萝卜素血症是个病理过程，如果宝宝真有这种情况出现，妈妈就不要给宝宝持续、大量食用胡萝卜了。

忌给宝宝吃过多动物肝肾

健康新鲜的动物肝、肾中，含有丰富的蛋白质、铁质和维生素A。但妈妈要注意适量给宝宝食用，不要经常给宝宝吃。因为动物肝肾中的胆固醇，还有一些有毒物质和其他化学物质的含量，比肉中要多好几倍。

而且肾和肝组织内还含特殊结合蛋白，与有毒物质的亲和能力较高。如肝肾组织中含有的金属蛋白能吸附镉、汞、铝、砷等毒物，使这些有毒物质贮存在肝肾内，长期给宝宝食用对健康不利。

宝宝不宜吃高脂肪食物

如果宝宝过量吃高脂肪食物，不仅容易肥胖，还会造成营养不良。这是因为高脂肪食物含有大量脂肪，宝宝的消化功能弱，无法快速消化这些食物，常产生强烈的饱腹感，到了正式吃饭时食欲下降、饭量减少，时间长了各种营养素都会出现缺乏，导致营养不良。同时，宝宝如果习惯了高脂肪食物，长大后还容易患上高血压、高血脂、冠心病、糖尿病、动脉硬化等疾病。属于高脂肪的食物有肉罐头；洋快餐，如炸薯条、炸鸡、鸡米花等；肉类烧烤；奶油糕点；油炸零食等。

煮粥忌除去粥油

粥熬好后，上面浮着一层细腻、黏稠、形如膏油的物质，中医叫做"米油"，俗称"粥油"。很多人对它不以为然，其实，它具有很强的滋补作用，可以和参汤媲美。

宝宝的脾胃弱，容易脾胃失调，经常喝点粥油对消化吸收有好处，因此妈妈给宝宝喂粥时不应将上面的粥油除去。家里有脾胃欠佳、经常腹泻的宝宝，妈妈不妨给宝宝适当多喝点粥油，有助于调养肠胃。

忌给宝宝吃汤泡饭

不少宝宝不喜欢吃干饭，喜欢吃"汤泡饭"，爸爸妈妈为了贪图方便，便顺着宝宝每餐用汤拌着饭喂宝宝。长久下来，宝宝不仅营养不良，而且还养成了不肯咀嚼的坏习惯。吃下去的食物不经过牙齿的咀嚼和唾液的搅拌，会影响消化吸收，也会导致一些消化道疾病的发生。

不经咀嚼的饭会增加胃的负担，而过量的汤水又会将胃液冲淡，从而影响食物的消化吸收，时间长了还容易引发胃病。

宝宝腹泻的饮食禁忌

腹泻是宝宝易得的胃肠道疾病。当宝宝腹泻时，应多给他补充营养丰富的流质或半流质食物，同时多补充水分，以防脱水和酸中毒。

以下食物是宝宝在腹泻时忌吃的。

（1）忌食菠萝、柚子、西瓜、菠菜、白菜、辣椒等含长纤维素的水果和蔬菜。

（2）忌食豆类、豆制品等易引发胀气而加重腹泻的食物。

（3）少食脂类食物和鸡蛋、鸭蛋、奶类等蛋白质含量高的食物。

低龄宝宝忌喝绿豆汤

绿豆性寒，宝宝的体质不及成人，所以不能过量饮用。另外，绿豆中蛋白质含量较多，大分子蛋白质需要在酶的作用下转化为小分子肽、氨基酸才能被人体吸收。宝宝的肠胃消化功能较差，很难在短时间内消化掉绿豆蛋白，容易因消化不良导致腹泻。因此，营养学家建议，宝宝在6个月之前最好不要喝绿豆汤，6个月之后可以先适量添加一点，如果宝宝没有什么不良反应的话，再逐渐添加。

忌无故给宝宝喂葡萄糖水

葡萄糖是人体所需的重要营养，许多妈妈为了让宝宝增加营养，会给宝宝喂些葡萄糖水。其实，这种做法是不对的！

经常给宝宝喂葡萄糖水，会使宝宝养成嗜食甜食的习惯，长大以后就会偏食，更容易患上肥胖、高血脂、糖尿病。此外，甜甜的葡萄糖水更容易满足宝宝的食欲，等到吃奶、吃辅食时他就不愿意进食，厌食随之出现。长期厌食会导致营养不良，严重影响宝宝的生长发育。喝过葡萄糖水之后，残留在口腔中的糖易与细菌发酵产生酸化唾液，易破坏宝宝的乳牙，造成龋齿。因此，聪明的妈妈不要在宝宝无病时给宝宝随意喝葡萄糖水。

不宜给宝宝喝蜂蜜水

妈妈要注意不要随便给宝宝喝蜂蜜水。因为蜜蜂在采取花粉酿蜜的过程中，会从灰尘和土壤中携带肉毒杆菌，微量的毒素就可以导致宝宝中毒。宝宝在周岁内的味蕾处于发育期，过早添加甜味的食品，会影响宝宝将来的味觉功能。有些蜂蜜中还含有少量的蜂王精，这种激素成分会令宝宝早熟。一般4岁以上的儿童可以根据身体发育情况适量食用蜂蜜。

忌给宝宝吃高盐食物

宝宝吃高盐食物的危害很大：高盐食物会减少口腔唾液分泌，增加细菌与病毒的繁殖概率；高盐饮食后由于盐的渗透作用，可杀死上呼吸道的正常寄生菌群，造成菌群失调，导致发病；高盐饮食可能抑制黏膜上皮细胞的繁殖，使其丧失抗病能力。

这些因素都会使上呼吸道黏膜抵抗疾病侵袭的作用减弱，加上宝宝的免疫能力本身又比成人低，又容易受凉，各种细菌、病毒乘机而入，导致感染上呼吸道疾病。

常见的高盐食物有：火腿肠；油炸食物，如油炸土豆、油炸小鱼、油炸鸡腿等；熏制零食，如熏鸡、熏鸭、熏肉等；小苏打点心；酱料食物，如酱油、沙拉酱、番茄酱等。

忌催促宝宝快点吃饭

宝宝吃饭快慢与个性有很大关系，只要宝宝认真吃饭，没有边玩边吃，妈妈就没有必要担心和纠正，更不要因为宝宝吃饭慢而指责宝宝、催促宝宝快吃，宝宝在妈妈的催促下来不及慢慢咀嚼就把食物咽下去，容易造成消化不良。

忌给宝宝吃太烫的食物

温度太高的食物被宝宝吃进嘴里，因为太烫，宝宝会急着吞下肚，这样急速吞下的食物仍然很烫，在经过食道的时候会强烈刺激食管内膜，导致其变厚，影响宝宝的食管功能。长期吃太烫的食物还易诱发食管癌。

温热的食物最有利于身体健康，对于食道和胃肠道都有着良好的保护作用。因此，宝宝吃饭的时候，妈妈要教导宝宝慢慢吃，不要催促，更不要指责，以免宝宝不管不顾把太烫的食物吞下去。

忌给宝宝吃保健品

宝宝并没有吃保健品的需要，因为宝宝的肝肾功能都未发育成熟，不能像成人那样把所有吃进去的食物都代谢掉。况且有些保健品的来源及成分不明，不建议给宝宝食用。事实上，只要喝奶量够、饮食正常，就足够宝宝成长所需的营养了。

宝宝吃点心有禁忌

断奶后，宝宝尚不能一次消化许多食物，一天光吃三餐饭，尚不能保证生长发育所需的营养，除喝牛奶外，还应添加一些点心。不过，宝宝吃点心也有学问。

（1）饭前、饭后都不宜吃点心，饭前吃点心会影响正餐的食欲，饭后吃点心会加重消化系统的负担。妈妈应该把宝宝吃点心的时间安排在两餐之间。

（2）点心不能多吃，因为点心的营养单一，大部分都是碳水化合物，饱腹感强，不定量的话会导致其他食物摄入量减少，造成宝宝营养不良。

（3）高糖食物不仅影响宝宝的食欲，还会造成宝宝龋齿，所以应该让宝宝吃低糖点心。

忌给宝宝吃泡泡糖

泡泡糖含有一种叫做苯酚的物质，这种物质被宝宝吸收后会对大脑发育产生不良影响。嚼软了的泡泡糖黏性很大，尤其是吹泡泡的时候，特别容易黏住宝宝的喉咙，易造成窒息。因此，妈妈不要给宝宝吃泡泡糖。

忌给宝宝吃巧克力

巧克力是一种高热量食品，其中蛋白质含量偏低，脂肪含量又偏高，营养成分的比例不符合宝宝生长发育的需要。饭前过量吃巧克力会产生饱腹感，影响食欲，但饭后很快又感到肚子饿，使正常的生活规律和进餐习惯被打乱，影响宝宝的身体健康。

巧克力含脂肪多，又不含能刺激胃肠正常蠕动的纤维素，因而影响胃肠道的消化吸收功能。巧克力中还含有使神经系统兴奋的物质，会使宝宝不易入睡和哭闹不安。多吃巧克力还会发生龋齿，并使肠道气体增多而导致腹痛。

忌给宝宝喝冷饮

　　有些妈妈在夏季会给宝宝吃冷饮，结果导致宝宝胃肠道出现不适。这是因为宝宝的消化系统尚未发育成熟，冰凉的冷饮进入胃肠后造成强烈刺激，轻则造成宝宝胃肠功能失调，影响食物的消化和吸收，重则导致消化道痉挛，诱发宝宝腹痛、腹泻，甚至造成可怕的肠套叠。

　　其实，如果天气太热，妈妈可以给宝宝多榨点西瓜汁、黄瓜汁等清热生津的果蔬汁，或做点冬瓜泥、黄瓜泥喂给宝宝。

第三章

居家生活宜与忌

　　生活中，处处有学问，没有育儿知识的妈妈，很难照顾好宝宝；生活中，处处有困惑，没有求知欲的妈妈，无法保证宝宝健康成长；生活中，处处有危险，没有防范意识的妈妈，容易使宝宝受到伤害。总之，每个年轻的妈妈都要随时、随地关注宝宝的成长与安全，让健康、快乐伴随宝宝长大。

居家环境

为宝宝创造适宜的生活环境

刚出生的宝宝非常娇嫩，对外界环境需要一个适应的过程。因此，给小宝宝一个舒适的生活环境非常重要。宝宝应该和妈妈住在一起，这样便于妈妈能随时看见、照料他，为按需哺乳提供有利条件。

宝宝的房间除要注意清洁外，光线宜明亮，便于妈妈观察宝宝的状况，如黄疸是否出现、皮肤有无感染等，还可以促进宝宝分辨白天和黑夜，帮宝宝养成良好的睡眠规律。

宝宝的屋里要少放家具，不仅安全还有利于对宝宝的护理。墙壁上可以张贴一些色彩鲜艳的图画，丰富多彩的环境刺激，能促进宝宝视力及智力的发育。在宝宝小床的上方，14～20厘米的高度，宜悬挂一些色彩鲜艳并可发出声响的玩具。在宝宝清醒的时候，妈妈轻轻摇动或按动玩具，可以随时训练宝宝的视力和听力。

宝宝房间的温度要适宜

宝宝的体温调节能力不成熟，必须借助室温和衣服来保暖。婴儿室的温度在20℃，湿度在50%～60%之间最好。宝宝渐渐长大，新陈代谢功能增加，体温调节能力会越来越强。

新生宝宝在室内要比大人多穿一件衣服，2～3个月大时，可以和大人穿得一样多，4～5个月的宝宝，在严冬及酷暑时最好不要到室外去，因为宝宝还没有这么强的调节能力。

妈妈与宝宝做游戏时，要将室温调节好。宝宝少穿一点衣服，室温稍高一点。如果在地毯上玩，要注意热空气向上流动，冷空气向下流动。

宝宝房间宜经常通风

宝宝的房间需要每天通风换气，以便保持室内空气清新。如果整天紧闭门窗，会造成室内新鲜空气不足，使宝宝发育不良，抵抗能力减弱，容易感染各种病菌。所以，即便是冬天也要注意给宝宝房间通风换气。最起码要保证每天2次通风，理想状态是每天3～4次通风，一般每次通风需要15～20分钟。室内开窗换气的时候，避免宝宝着凉，可以带宝宝去别的房间，通完风再回来。

宜给宝宝做空气浴

"空气浴"就是让宝宝柔嫩的皮肤与干净、新鲜的空气相接触，让全身皮肤沐浴在空气中。空气浴看着非常简单，但也有一些注意事项。

空气浴锻炼要循序渐进。先在室内给宝宝做空气浴。宝宝满月后，每当给宝宝换尿布和衣服时，不要急着给宝宝穿衣服，先让宝宝身体的一部分在空气中裸露1～2分钟，让宝宝的皮肤逐渐适应空气浴。

宝宝满2个月后，可以在他早晚更衣，或午睡后换尿布，或洗澡后让宝宝进行空气浴。空气浴的时间也可逐渐增加，最初持续2～3分钟；宝宝到4～5个月时，可延长到4～5分钟；在夏季可加到1～2小时，与宝宝健身操一起配合着做空气浴。

在冬季，空气浴时室内温度最好保持在18～22℃之间，以免宝宝着凉生病。随着宝宝的成长，空气浴的室内温度也可以逐渐降低。3岁左右的宝宝，空气浴室内温度可逐渐降低到16℃左右。户外温度在20℃以上时，就可以在户外进行空气浴。

室外空气浴从夏天开始，要求在天气晴朗、阳光明媚的时候进行，理想条件是气温在20℃左右。选在早饭后1～1.5小时进行，此时空气中灰尘杂质与有害成分较少，气温凉爽，对机体的兴奋刺激明显，地点应该选择干燥、没有过堂风的背阴处。

宜给宝宝做日光浴

日光浴就是平时说的晒太阳。适当给宝宝做日光浴，可以提高宝宝的免疫力，增强体质。日光浴既要避免太阳暴晒，又要获得阳光的保健作用。夏秋季进行日光浴时，南方多选在上午8～9时，北方在上午9～10时为宜；冬春季节气温低、户外寒冷，多选在上午 11 ~ 12 时气温最高的时刻。

宝宝 3 ~ 6 个月的时候就可以进行日光浴了，最好先适应空气浴，再进行日光浴。进行日光浴的时间要从少到多，循序渐进，先从 1 ~ 2 分钟开始，1 周岁以上的宝宝，每次照射最高可达 10 ~ 15 分钟。

宝宝身体接受日照的部位应有一定顺序性，可按背部、胸部、腹部、体侧部顺序进行，不能只照射一侧。日光浴时应避免照射头面部和眼睛，所以宝宝在进行日光浴时，头部应戴上防护帽和防护眼镜，防止头部暴晒，发生中暑或其他危害。

宝宝日光浴是被动的锻炼，一定要在妈妈的保护下进行，不能把宝宝单独放在日光下不管。进行日光浴应选择空气新鲜的户外进行，不要在屋内隔着窗子进行日光浴，这种日光浴得不到阳光的保健作用。

宝宝户外活动宜注意

（1）尽量不要让宝宝乘坐婴儿车，这样会限制宝宝的活动，而且如果过于颠簸，有可能对宝宝造成伤害。

（2）最好每半小时给宝宝变换一下体位姿势，这样能促进宝宝的血液循环，也利于宝宝的肢体运动。

（3）带宝宝外出，千万不要将宝宝包裹起来捆绑在妈妈的背上，这样对宝宝来说是一种束缚，不仅对宝宝的健康不利，甚至有可能对宝宝造成伤害。

（4）不要带宝宝去人多的地方，如商场、超市、饭店、电影院等，以免宝宝感染病菌或接触到病人，从而染上疾病。

（5）天气不好的时候，如大风、高温、寒冷的天气，最好不要带宝宝进行户外活动，如果必须外出，一定要做好防护措施，给宝宝戴帽子、抹防晒霜等。

（6）户外活动时，要注意及时给宝宝补充水分，白开水或新鲜果汁最好。

使用空调宜注意细节

妈妈给宝宝使用空调时，要注意以下细节。

（1）开启长时间未使用的空调，需先清洗空调滤尘网。

（2）清晨和傍晚等比较凉爽的时间，一定要关闭空调，开窗通风。

（3）开启空调时，温度设定不宜低于 26℃，同时可以启动空调加湿功能，40% ~ 60% 的湿度既不利于细菌的繁殖，也会让宝宝感觉舒适。

（4）避免空调直吹宝宝，睡觉时要为宝宝盖上小被子，特别要盖严小肚子。

（5）离开空调房时，先将空调关闭，打开门窗，待室温逐渐上升后，再带宝宝出门，以免温差过大，导致宝宝中暑。

（6）如果天气炎热，需要长时间开空调，要注意6～8小时通风换气，最长时间也不要超过12小时，每次换气半小时。

宝宝适宜这样睡凉席

夏季天气炎热，在凉席上睡觉既舒适又凉爽，但宝宝对外界环境的适应能力较弱，凉席使用不当，易引起腹泻、感冒。因此，宝宝睡凉席应注意以下几点。

（1）选择合适的凉席。竹席或麻将席太凉了，不太适合宝宝使用。草席质地较柔软，但容易生螨虫，其本身也是过敏源，也不适合宝宝使用。亚麻、竹棉或麦秸等凉席，质地松软，吸水性能较好，易清洗，且凉爽程度适中，比较适合宝宝使用。

（2）不要让宝宝直接睡在凉席上，可用床单或毛巾被铺在凉席上，以防宝宝受凉。

（3）使用凉席前，一定要进行消毒处理。新买来的凉席用温水擦洗后在阳光下曝晒；旧凉席可先用沸水浇烫，再曝晒，以防止宝宝皮肤过敏。

（4）当宝宝尿床后，要及时将凉席刷洗干净，并在通风处晒干。

给宝宝穿衣服宜轻柔

通常宝宝不喜欢穿衣服，会四肢乱动，不予配合。妈妈在给宝宝穿衣服时，可先给宝宝一些预先的信号，先抚触宝宝的身体，告诉他"宝宝，我们来穿衣服啦"，使他心情愉悦，身体放松，然后轻柔地开始给他穿衣服。

（1）将胸前开口的衣服打开，平放在床上。

（2）让宝宝平躺在衣服上，妈妈的一只手将宝宝的手送入衣袖，另一只手从袖口伸进衣袖，慢慢将宝宝的手拉出衣袖。同时，妈妈的另一只手将衣袖向上拉。之后，用同样的方法穿对侧衣袖。

（3）把穿上的衣服拉平，系上系带或扣上纽扣。用同样方法穿外衣。

（4）穿裤子比较容易，妈妈的手从裤管中伸入，拉住宝宝的小脚，将裤子向上提，即可将裤子穿上。

（5）如果是套衫，那么在穿衣服时要把套衫收拢成一个圈并用你的两拇指在衣服的领圈处撑一下，再套过宝宝的头，然后把袖口弄宽，轻轻地把宝宝的手臂牵引出来，最后把套衫往下拉平。

给宝宝脱衣服宜迅速

大多数宝宝也不喜欢脱衣服，一是因为脱下暖和的外套后就得接触冷空气；二是在脱衣服的时候，胳膊和腿很容易被挤压。因此，在脱衣服的时候，应该尽量减少脱衣给宝宝带来的不适感，而且脱衣服的动作要轻柔、迅速。

给宝宝脱衣服时，应先用拇指把衣服撑开，把手伸进衣服里撑着衣服，这样宝宝的脖子才能穿过。记住，一定要把衣服撑起来，不能盖在宝宝的脸上，并且要用手护住他的头，不能让衣服遮了他的前额和鼻子。

宜给宝宝穿"和尚服"

宝宝的衣服宜宽松、简单，穿脱方便，不宜太小。因为新生宝宝四肢常呈屈曲状态，袖子过于窄小则不易伸入，衣服以不妨碍活动为准。衣裤上不宜钉扣子或摁扣，以免损伤宝宝的皮肤或被误服，可用带子系在身侧。衣服的袖子、裤腿应宽大，使四肢有足够的活动余地，并且便于穿脱、换洗。

宝宝的胸腹部不要约束过紧，否则会影响胸廓的运动或造成胸廓畸形。3个月内的宝宝因为颈部较短，衣服应选择没有领子、斜襟的"和尚服"，最好前面长些，后面短些，以避免被大小便污染。

宝宝宜穿棉质衣服

宝宝穿的衣服除了具备保暖功能外，还应该满足宝宝生长发育的需要。宝宝的皮肤娇嫩，四肢好动，汗腺发达容易出汗，所以应让宝宝穿轻便、宽松、透气性好的衣服。纯棉织品的质地柔软，保暖透气，对宝宝皮肤刺激性小，而且容易洗涤。宝宝衣服的颜色宜素净，一方面可避免深色颜料对宝宝的皮肤造成刺激，另一方面如果宝宝的便便弄脏了衣物，妈妈也可以及时发现。

宜给宝宝穿内衣

尽早让宝宝养成穿内衣的习惯，对宝宝的健康成长非常有益。内衣可以有效防止宝宝腹部受凉，能减少宝宝腹痛、感冒的发生。尤其在天气冷的时候，内衣的保暖作用尤为突出。

内衣还可以保护私密处的卫生，预防感染。宝宝喜欢在地上乱爬，当穿得少的时候，细菌很容易进入尿道口而引发急性膀胱炎，甚至发展为肾盂肾炎，还容易因为磕碰而受伤。另外，裤子较硬，穿上内衣能够减少裤子与私密处的摩擦，保护宝宝的肌肤。此外，穿内衣还利于宝宝接受如厕训练，有助于宝宝的独立性培养及心智发育。

如何选购适宜宝宝的服装

（1）为宝宝选购衣服时，尺码应稍大一些，这样不会影响宝宝的生长发育。

（2）衣料的选择要柔软、舒服、易于洗涤，质地不易燃，如毛线、纯棉、纯毛。

（3）衣料的颜色应选不易褪色的，不宜选白色的，因为白色容易脏，而且洗涤时容易被别的颜色浸染。

（4）前面开口向下或宽圆领的衣服最好，因为宝宝不喜欢被衣物遮住脸部。

（5）领口有松紧扣的衣服耐穿，宝宝长大了衣服不合适，往往是因为头不能穿过领口，如果用松紧扣领的衣服，仅需要解开纽扣宝宝的头便可穿过。

（6）12个月的宝宝穿背带裤和连衣裙很适合，是学步的理想选择。

夏天宜穿深色、鲜艳的衣服

夏季天气炎热，宝宝的肌肤娇嫩，长时间被强烈的紫外线照射，易诱发皮肤病，使宝宝免疫功能降低。颜色浅的衣服，阻挡紫外线的能力较弱；而果绿、橘黄、艳粉等色彩明亮鲜艳的衣服，对紫外线的阻挡能力较强。棕色、黑色、藏蓝等深色衣物的防晒效果也比较好。所以，夏季妈妈带宝宝外出时，可为宝宝选择深色或鲜艳的衣服。

给宝宝选择适宜的鞋

给宝宝选双适合的鞋，不仅利于宝宝学步，还对宝宝脚掌的发育非常重要。那么，妈妈应该如何给宝宝选鞋呢？

（1）鞋的材料应该是透气的。一双舒适的鞋，一定是由透气材料制成的，如牛皮、羊皮、帆布、绒布等，忌选择人造革或塑料制成的宝宝鞋。

（2）测量宝宝的脚长。爸爸妈妈在给宝宝买鞋前，应该先给宝宝测量脚长，以便能给宝宝买双合适的鞋。在买鞋的时候，最好带着小宝宝去试试，因为不同品牌的鞋，尺寸会存在一定的差异。

（3）把鞋撑一撑。宝宝试鞋时会反射性的将脚趾卷曲，可能是新鞋比较紧的原因。所以让他试鞋前，爸爸妈妈要用手将鞋撑一撑，两个拇指轻轻地把鞋的两边向外撑，用食指压住鞋舌头一小会儿。这样一来，鞋内的空间大了，宝宝的小脚丫也会慢慢放松。

（4）测试长度。鞋穿好后，让宝宝站起来。把你的手指轻轻压住宝宝的鞋尖，感觉到有一个手指宽的富余，且宝宝的后脚跟紧贴在后鞋帮处，说明鞋的长度合适。

（5）测试宽度。把手指伸进宝宝鞋和脚的缝隙中，顺着鞋的边缘轻轻捋一圈。如果觉得手指很难前进，则说明宝宝的鞋子太紧。如果感到很宽松，先试着把鞋带或粘扣调紧一些，达到手指感觉宽度刚刚好为止。

（6）让宝宝试走几步。鞋子选好后，让宝宝穿着它走几步，如果宝宝的脚后跟总是露出来，说明鞋子有些大。如果宝宝走路的姿势显得比以前笨拙，说明鞋子太沉或太硬。

宜给宝宝一个安全空间

随着宝宝的成长，视野和活动范围变得越来越大。这个时候的宝宝有着强烈的好奇心和探索欲，什么东西都想摸摸或用小手捅捅。妈妈如果不能24小时盯着他，很难确保他不做出什么出格的事情来。因此，一定要做足安全措施，避免宝宝出现危险。

（1）宝宝的平衡能力差，易摔倒、易碰撞，所有桌椅的边缘及棱角处都要安装防撞条，如果条件许可最好让宝宝在空旷的房间玩。

（2）室内楼梯应加护栏，桌、椅、床均应远离窗户，在附近不要放任何能让宝宝爬上去的物品。

（3）宝宝的用品，如坐的椅子应稳重且坚固。

（4）床栏应坚固且高度应超过宝宝胸部。

（5）暖气和管道要用毛巾盖好，或用家具隔开。要教育宝宝，使她自小就知道暖气是热的，不能用手摸。

客厅宜采取的安全措施

客厅是宝宝重要的活动区域，也是电器集中的地方。一定要注意细节上的安全，以免对宝宝造成伤害。

（1）桌椅安装防撞条，茶几应收拾整齐，不要把打火机、火柴、剪刀等危险品放在茶几上，也不要放在任何宝宝可以够到的地方。

（2）任何电器设备不要放在宝宝能够到的地方，不用时最好切断电源。

（3）电线应沿墙根布置，也可以放在家具背后，尽量用最短的电线接电器。

（4）容易被打碎的东西不要让宝宝碰到，尤其是热水瓶等危险品。

（5）家具、门、窗的玻璃要安装牢固，避免碰撞引起的破碎。

（6）要注意屋里摆放的植物，不要种植有毒、有刺的植物。

卫生间宜采取的安全措施

卫生间空间较为狭小，放的东西又多又琐碎，属于宝宝经常去的区域，难免会对这里产生兴趣，需要妈妈事先做些特别的防护工作。

（1）卫生间的门要确保能从外面打开，以防宝宝被反锁在里面。

（2）卫生间要铺上防滑垫，防止宝宝滑倒。

（3）马桶的盖子要盖好，要向宝宝讲清楚马桶是危险和脏的地方，不要让他将马桶当成玩具，防止手、脚被卡及被夹。

（4）洗澡水以温水为宜，应先兑好热水，调好温度，再把宝宝放进浴缸。浴缸旁要设置把手，不要让宝宝独自待在浴缸里。

（5）卫生间内吹风机之类的小电器要及时收纳，连接的电线及插头的位置要注意高度，避免宝宝接触到。

（6）化妆品、剃须刀不要随意乱放，应放在宝宝够不着的地方。

（7）卫生间清洁用品最好锁在柜里，或放在宝宝够不到的地方。

厨房里宜采取的安全措施

厨房对于宝宝来说是个神秘、有趣的地方，美味的食物都是从这里出来的。但厨房又是安全隐患最多的地方，有限的空间里装有各种易碎餐具、电器、刀具等危险物品，因此要特别注意做好防护措施。

（1）厨房门口安装防护门，可以有效禁止低龄宝宝入内。

（2）橱柜的抽屉、柜门最好锁上安全锁，不让宝宝轻松打开。

（3）橱柜尽量选用导轨滑动门，别用玻璃门，以防宝宝开门时被玻璃划伤。

（4）锋利的厨具放在宝宝够不着的地方，或把它们锁起来。

（5）塑料袋、保鲜膜、垃圾袋之类要放在隐蔽处，不要让宝宝接触到，以免宝宝蒙在脸上发生危险。

（6）厨房清洁用品应放在宝宝够不到的地方。

（7）热的食物和饮料不要放在宝宝的身边，以防宝宝抓食物时被烫到。

（8）不要使用台布，宝宝无意识拉扯台布，会导致桌上的东西砸在宝宝身上。

（9）做饭时不要让宝宝在身边玩耍，禁止宝宝靠近炉灶以免烫伤。烧水或煎炸食物时应有人看管，锅把要转到宝宝够不到的方向。

卧室里宜采取的安全措施

宝宝待在卧室的时间是最长的，因此注重卧室的安全防护非常重要。

（1）婴儿床床架的高度要适当调低，床边摆放小块地毯，以防宝宝摔伤。

（2）家具边缘安装防撞条，以免坚硬的家具角碰伤宝宝。

（3）电线的布置要隐蔽、简短，床头灯的电线不宜过长，最好选用壁灯，减少使用电线。

（4）冬天不要把电暖器放在床前，以免烫伤宝宝。

（5）夏天也不要把电扇直接放在床前，避免宝宝的手伸进叶片弄伤手指。

（6）玩具放在较低的地方，但不要放在地板上，以免绊倒宝宝。

（7）存放在衣柜里的樟脑丸要放在高处，以防被宝宝当作糖果误食。

居家宜谨防宝宝触电

妈妈要考虑到宝宝行为能力较低的特点，改善家庭用电的硬件设施，做好防范措施，消除用电安全隐患，避免宝宝触电受到伤害。日常生活中要教育宝宝远离电源，同时也要加强监管，不要把充电器等与电有关的物品给宝宝当玩具。

房间内电源线不要乱接乱拉、线路杂乱，以防宝宝绊倒后发生触电事故。妈妈在选购电源插座和接线板时，要尽量选择多重开关并带保险装置的。客厅的电器插座一般距离地面都不太高，宝宝很容易就能接触到，造成触电的危险。这时候妈妈最好能在电源插座上安上电源插座防护盖，或不用时插入安全隔离插销。

选购电动玩具时，要特别注意玩具的设计和安全性，降低宝宝触电的可能性。电灯或其他电器损坏了要及时检修或更换。维修电器时不要让宝宝在场，避免宝宝模仿发生危险。

忌

宝宝不宜穿有花边的衣服

给宝宝选购衣服的时候，妈妈应注意衣服上避免过多的装饰物。一些较硬的装饰物，如领口纽扣、拉链等，容易划伤宝宝。也不宜选购带有花边的衣服，花边的孔洞会引起宝宝的兴趣，宝宝会把手插到其中的孔中，轻者影响手指血液循环，重者会弄伤宝宝的手指。款式简单、穿脱方便的衣服是最理想的选择。

宝宝不宜穿合成纤维内衣

宝宝的肌肤幼嫩，易出汗，合成纤维的材料吸水性差，宝宝出汗后汗水不能及时被衣服吸收，汗液停留在肌肤上，容易滋生细菌，会因此诱发过敏和湿疹。

合成纤维在生产过程中混入的原料单体、氨、甲醇等微量化学成分，对宝宝肌肤的刺激性非常大，易引起过敏反应。特别是刚出生的宝宝，千万不要穿合成纤维内衣，宜选用柔软的全棉内衣。

忌买回内衣直接给宝宝穿

新买的内衣看上去很干净，却不能直接给宝宝穿。一件衣服从生产到销售，要经历诸多环节，每个环节都有可能被致病菌污染或接触到有毒、有害物质。宝宝的免疫系统薄弱，免疫力相对较低，肌肤娇嫩，抗病能力差。有些新衣服布料还残留有甲醛，如果不清洗干净，会刺激肌肤致病。因此，新买内衣不要直接给宝宝穿，要先充分漂洗、阳光暴晒后再给宝宝穿。

宝宝衣服忌放樟脑丸

宝宝的衣服存放在干燥的衣柜中即可，使用时在阳光下晒一晒就可以给宝宝穿了，千万不要放樟脑丸。樟脑丸并不是用天然樟脑制成的，它的主要成分是萘及萘酚的衍生物。萘在常温下很容易挥发，可被黏膜、皮肤和皮下组织很快吸收，也可通过呼吸道吸收，甚至直接损害肝、肾和呼吸道等器官。萘酚还会通过皮肤进入血液，使红细胞膜完整性发生改变，红细胞的破坏会导致急性溶血，表现为进行性贫血，直接损害身体健康。

如果已经在宝宝的衣服里放了樟脑丸，一定要把衣服拿到阳光下晒几个小时，让萘酚挥发掉再给宝宝穿。妈妈穿的衣服如果放置了樟脑丸，也应该在阳光下晒一晒，没有味道以后再穿上接触宝宝。

忌给宝宝穿松紧带裤

妈妈尽量不要给宝宝穿松紧带裤，因为宝宝正处在快速生长发育阶段，松紧带裤会影响胸腹部发育。尤其在秋冬季节，几层衣裤从里到外松紧带紧紧箍在宝宝的胸腹部，大大限制了胸廓发育和呼吸活动。

穿松紧带裤还容易出现衣裤分离现象。随着宝宝运动，裤子会滑脱，前面露出肚脐，后面露出腰板。不仅妨碍宝宝活动，而且长期暴露腰腹部极易受凉，会引起宝宝脾胃不和或腹痛、腹泻，影响宝宝的身体健康。最适合宝宝的裤子是背带裤，背带可以钉长些，方便调整扣子，以防宝宝长高后勒着肩部。这种样式的裤子既可防止衣裤分离，又便于运动和保暖。

宝宝的裤带忌束得太高

妈妈在给宝宝穿衣服时，尤其是在比较冷的冬天，为了防止宝宝的裤子脱落，使裤子保暖，将裤腰束得很高，直束在腋下胸围部。宝宝生长发育快，胸廓也在不断地增大，而此时骨骼中矿物质的含量低，骨骼受到外力压迫时很容易变形，如果给宝宝的裤带束得太高、太紧，就会在束裤带处勒出一条横沟，这样将直接影响胸部和肺部的发育，使宝宝胸部畸形，肺活量变小，呼吸系统的抵抗力减弱，易患呼吸道疾病。

宝宝的裤带只需系在肚脐处即可，如在束裤带处看到皮肤发红、皱起，则说明裤带太紧，应适当放松。穿背带裤可以避免系裤带的缺点，还可通过背带裤上的扣子调节裤子的长度。

忌给宝宝买大尺码的鞋

宝宝学走路以后，妈妈要注意给宝宝买合脚的鞋，千万不要因为宝宝的脚长得很快，就给孩子买大尺码的鞋。如果鞋子过大，宝宝的小脚在大鞋中得不到有效固定，容易引起足内翻或足外翻，造成脚掌发育畸形，还会影响以后走路的正确姿势。宝宝鞋子的适合尺寸是以妈妈的一根手指头能塞进去为准。正常来说，3～4个月妈妈就需留意是否该为宝宝更换鞋码。

忌以为宝宝鞋越软越好

宝宝关节、韧带正处于发育时期，平衡力弱。鞋后帮太软，脚走路易左右摇摆，容易引起踝关节及韧带的损伤，还可能养成不良的走路姿势。宝宝走路还容易踢东西玩，鞋面过软，硬物对脚趾的冲撞容易使脚趾受伤。所以，宝宝鞋的鞋后帮、鞋面应硬挺、包脚，以减少脚在鞋内的活动空间。不过，脚背处的鞋面应该柔软些，以利于脚部的弯折。

忌以为鞋底弯曲度越大越好

鞋底要有适当的厚度和软硬度，过软的鞋底不能给宝宝的脚掌有力的支撑，易使宝宝产生疲劳感。尤其鞋底的弯折部位如果在鞋的中部，容易伤害到宝宝的足弓。最适当的弯折部位应该是前脚掌，跖趾关节的位置。

忌以为厚底鞋舒适防震

在走路的时候，鞋底会随着脚部进行弯曲运动。宝宝喜欢蹦蹦跳跳，鞋底越厚，弯曲就越费力，容易引起脚部疲劳，进而影响膝关节及腰部的健康。厚底鞋在设计上，为了突出造型优美，往往会增加了后跟的高度。这种设计使宝宝在走路时，整个脚部前冲，破坏脚的受力平衡，长期如此不仅会影响宝宝脚的关节结构，甚至导致脊椎变形，严重者将影响到宝宝身体正常发育。宝宝适合的鞋底厚度应为5～10毫米，鞋跟高度应在6～15毫米之间。

忌不给宝宝穿袜子

幼儿期的宝宝，体温调节功能尚未发育完善，产生热量的能力不足，由于体表面积相对较大，更容易散热。当温度略低时，宝宝的末梢血液循环不好，小脚常会凉凉的，给宝宝穿上袜子，可以起一定的保暖作用，避免着凉，宝宝也觉得舒服。妈妈要谨记，半岁内的宝宝，在夏季也应该穿袜子，可以有效预防腹泻。

宝宝袜子忌袜口太紧

宝宝的皮肤比较娇嫩，如果袜口的松紧带太紧勒住宝宝的皮肤，会造成脚部血液循环不顺畅，时间长了还有可能造成皮肤红肿、淤青，使宝宝受伤。所以，袜口一定要宽松一些，可以用穿上去不会勒肉作为衡量标准。

此外，宝宝袜子的袜腰也不宜过长，有3～5厘米就足够了。因为宝宝的脚和成人不一样，圆滚滚的没有脚踝。如果袜腰太长，袜子就会总往下掉，宝宝活动起来很不方便。

忌空调温度开得太低

夏天炎热高温，妈妈在给宝宝用空调降温的时候一定要注意，温度不能太低，小心宝宝得"空调病"。宝宝的皮肤薄嫩，皮下脂肪少，毛细血管丰富，体温调节系统不完善，长期呆在低温空调房里，容易被冷气侵袭，从而出现疲倦、食欲不振、经常腹泻、反复感冒等一系列"空调病"症状。因此，建议空调的温度设定不要低于26℃，并注意房间的通风换气。

忌用电风扇直吹宝宝

妈妈给宝宝使用电风扇降温的时候要注意，风扇设定成摇头旋转，风量适中，让风扇形成柔和的自然风来促进宝宝的体内散热。不能让风扇对着宝宝直吹。宝宝身体发育不完善，体内的体温调节系统较弱，容易着凉，一不小心就会患感冒、腹泻、消化不良等疾病。

给宝宝日光浴的禁忌

（1）宝宝必须满90天后才能进行日光浴。

（2）宝宝在空腹和刚吃饱后不宜日光浴。

（3）宝宝生病时不宜日光浴。

（4）宝宝患有某些慢性疾病或对日光过敏不宜日光浴。

（5）宝宝患湿疹且很严重的时候，注意不要让阳光直接照射患部。

（6）日光浴期间应密切观察宝宝的反应，如果出现出汗过多、睡眠不好、食欲减退和易疲劳等症状，应立即停止日光浴。

（7）不要让阳光直射在宝宝头部或面部，应戴上帽子或使用遮阳伞，特别要注意保护眼睛。

忌使用蚊香、杀虫剂

严禁在宝宝的房间使用蚊香、杀虫剂。它们的有效成分含有氯仿、苯、乙醚等，这些有一定毒性的化学成分可以通过消化道、呼吸道被吸收，长期过量接触还会致癌。宝宝身体机能尚未完善，使用蚊香、杀虫剂，短期内可能引发哮喘，长期则可能引发癌症。

此外，宝宝如吸入过量杀虫剂，会发生急性溶血反应、器官缺氧，重则导致心力衰竭、脏器受损或转为再生障碍性贫血。

忌在宝宝的房间摆放花卉

妈妈在布置宝宝房间的时候要注意尽量不放花卉。仙人掌、仙人球等浑身长满尖刺的植物，容易刺伤宝宝。广玉兰、绣球、万年青、迎春花等枝、叶、花可能诱发宝宝皮肤过敏。花朵的香气还可能刺激宝宝的鼻腔造成宝宝呼吸不适，使宝宝的嗅觉减退并抑制食欲，出现呕吐、腹痛、昏迷等急性中毒症状。植物在夜间会吸入氧气的同时呼出二氧化碳，如果让宝宝与花卉同居一室，还可能造成室内氧气不足，影响宝宝的正常呼吸和健康。

忌给宝宝绝对安静的空间

有些妈妈认为宝宝喜欢安静，怕光线和声响会刺激损伤宝宝幼小的大脑，而去刻意营造一个宁谧的氛围，甚至会白天拉窗帘，蹑手蹑脚，晚上开着长明灯。其实，完全安静的环境对宝宝的成长不利。要让宝宝习惯正常的生活环境，白天明亮热闹，晚上昏暗安静。

宝宝在妈妈肚子里的时候，就是一个嘈杂的空间。而且适量的环境刺激会提高宝宝视觉、触觉和听觉的灵敏性，有利于加强原始本能的生理反射，在此基础上形成新的条件反射，从而使宝宝尽快掌握复杂的高级动作。

只要环境不是很吵，不是高分贝的噪声就可以了。丰富多彩、多样化的外界环境刺激，不仅可以促进宝宝的智力发育，也会使宝宝大脑变得更发达。

清洁卫生

宜这样护理宝宝脐带

宝宝出生后和妈妈紧密相连的脐带被剪断、结扎。脐带被结扎后，形成的天然创面很容易滋生细菌，如果不注意消毒，细菌由此侵入就会发生破伤风或败血症。所以，在宝宝脐带脱落愈合的过程中，妈妈需要每天都对宝宝脐部进行严格消毒。

宝宝生后24小时内，需将包扎脐带的纱布打开，以促进脐带残端干燥与脱落。处理脐带时，妈妈洗净手后以左手捏起脐带，轻轻提起，右手用消毒酒精棉棍，围绕脐带的根部进行消毒，将分泌物及血迹全部擦掉，每日1～2次，以保持脐根部清洁。同时，要注意保持脐部的干燥，给宝宝勤换尿布，以免尿便污染脐部。如果发现脐根部有脓性分泌物，而且脐局部发红，说明有脐炎发生，应该请医生治疗。

宜每天给宝宝洗脸

刚出生宝宝的身体处于高代谢状态，皮肤会产生较多的分泌物，如果不及时洗脸就容易引起湿疹。给宝宝洗脸使用温开水就可以，不需要使用香皂等洁肤品。妈妈使用纯棉毛巾轻轻地给宝宝擦脸，最好早晚各一次。

宜这样帮宝宝洗脸

给宝宝洗脸是妈妈每天必做的事情。事情虽小，学问却大，尤其对新手妈妈来说，需要事先的指导。

妈妈用左臂将宝宝抱起，并用左肘部和腰部夹住宝宝的臀部和下肢，左手托住宝宝的头和脖子，用拇指和中指压住宝宝双耳，使耳郭盖住外耳道，防止洗脸水进入耳道引发炎症。抱好宝宝后，妈妈用右手将一块小毛巾蘸湿后略挤一下，先给宝宝洗双眼。

注意，小毛巾擦过一只眼后要换一面擦另一只眼，然后将毛巾在水中清洗一下，再擦前额、面颊部及嘴角，再用另一条干毛巾轻轻擦洗宝宝的面部、眼角及耳郭内。注意水温要温和，要比成人使用的热度偏低一些，不要用毛巾使劲揉搓宝宝的脸部和头部，只需轻轻吸干水即可。

宜常给宝宝洗澡

对于健康的新生宝宝来说，只要条件允许，出生后的第二天起就可以每天洗一次澡。宝宝洗澡不但能清洁皮肤，还可以加速血液循环，促进生长发育。

给宝宝洗澡时应注意室温和水温，一般应使室温保持在26～28℃，水温在38～40℃。每次给宝宝洗澡时，时间应安排在喂奶前1～2小时，以免引起吐奶。

至于宝宝的洗澡次数，可以根据气候和家庭条件来决定。如果是夏天，每天至少洗1次；如果是冬天，可以隔天洗一次或每周2～3次。有时宝宝大便后如果特别脏，也可相应增加次数。

为宝宝选用适宜的浴盆

给宝宝买合适的浴盆可以从几个方面考虑。首先是材质，宜选择环保材料的浴盆。宝宝的免疫系统还不完善，肌肤也细腻敏感，所以劣质的浴盆使用中会挥发出有碍健康的物质，对宝宝的健康造成伤害。新的浴盆有轻微的味道是正常的，劣质的材质会有刺激性味道。

其次要根据宝宝身材选择浴盆的尺寸，太大的浴盆对于小宝宝有风险，易滑落水中，选择一个大小合适的浴盆对宝宝的安全有保障。最后是重量，有一定厚度的浴盆会比较牢固、耐用。最好浴盆外观要有漂亮图案，可以增强宝宝对洗澡的兴趣。

宝宝洗澡前的准备宜做好

在给宝宝洗澡之前要做一些必要的准备工作，先把需要换洗的衣服、尿布和洗澡时要用的浴巾、毛巾、婴儿浴皂等放在身边；选择一个大小适中的浴盆；把洗澡水的温度调整到38 ~ 40℃，然后用手背试一下水温，以不觉得烫为宜。

这一切准备好后，就可以给宝宝脱衣服洗澡了。洗澡时间不要拖得太长，应控制在5 ~ 10分钟，以免宝宝着凉生病。

宝宝洗澡宜有序

若宝宝的脐带尚未脱落，是不能将宝宝直接浸泡在浴盆中洗澡的，要上下身分开洗，以免弄湿脐带，引起炎症。

（1）先洗头和脸。妈妈坐在椅子上给宝宝脱掉衣服，用浴巾裹住宝宝的全身，然后把宝宝仰放在妈妈的一侧大腿上，给宝宝清洗头部和面部。用干净的毛巾沾湿后先擦洗眼睛，然后擦其他部位，由脸部中央向两侧擦洗。这时要注意用手轻轻压住宝宝的耳郭，以免耳朵进水。

（2）洗上半身。洗完头和脸后，用浴巾裹住宝宝下半身，用毛巾依次清洗宝宝的颈部、腋下、前胸、后背、双臂和双手，然后擦干。洗上半身时，注意不要让水弄湿脐部。

（3）洗下半身。在洗下半身的时候，应该用干净的浴巾将宝宝的上半身包裹好，让宝宝卧在妈妈的一条手臂上，头靠近妈妈手臂同侧胸前，用手托住宝宝的大腿和腹部，清洗外阴部、腹股沟处、臀部、双腿和双脚。

（4）洗干净后立刻用干净的浴巾将宝宝包裹起来，注意保暖，在颈部、腋窝和大腿根部等皮肤褶皱处涂上润肤液，夏天扑上婴儿爽身粉。注意使用的必须是对婴儿皮肤无刺激的、有品质保障的护肤品，不宜使用成人用的护肤品，以免被皮肤吸收引起不良反应。待宝宝身体完全干燥后，就可以穿衣服了。

若宝宝的脐带已完好脱落，可将宝宝的臀部放在水盆内，依次洗阴部、前身、四肢，然后使宝宝俯卧在妈妈左前臂，为宝宝清洗背臀部。

宝宝宜注意眼部护理

简单来说，小宝宝的眼部护理要注意以下几点。

（1）防感染。宝宝要有自己的专用脸盆和毛巾，并定期消毒，不可以用成人的手帕或直接用手去擦宝宝的眼睛。

（2）防强光。宝宝睡眠要充足，一般可以不开灯。如要开灯，灯光亦不要太强，尽量不要让光线直射。宝宝到户外活动，要防止太阳直射眼睛。

（3）防噪音。噪音能使宝宝眼睛对光亮度的敏感性降低，视力清晰度的稳定性下降，使色觉、色视野发生异常，使眼睛对运动物体的对称性平衡反应失灵。

（4）防"近物"。如果把玩具放得特别近，宝宝的眼睛可能因较长时间地向中间旋转，而发展成内斜视。应把玩具挂在围栏周围，并经常更换位置和方向。

（5）防睡姿。宝宝睡眠的位置要经常更换，切不可长时间地向一边睡，否则易形成斜视。

（6）防异物。宝宝的瞬目反射尚不健全，防止眼内出现异物也很重要。比如，打扫卫生时应及时将宝宝抱开；宝宝躺在床上时不要清理床铺，以免灰尘进入宝宝眼内；外出时如遇刮风，用纱布罩住宝宝面部，以免沙尘进入眼睛；洗澡时也应该注意避免浴液刺激眼睛。

宝宝宜注意耳部护理

宝宝出生1个月后，耳壳已经发育成型，但外耳道相对狭窄，一旦污水流入耳道深处，极易引起发炎，严重者可致外耳道疖肿。因此，无论是给宝宝洗头、洗澡或滴眼药，一定要注意不能让污水、药液等流入耳道深处。

如果宝宝耳朵进水，应先将宝宝侧躺着放于自己的大腿上，使进水一侧的耳朵向下，用手掌紧压宝宝的耳根，然后快速松开，连续数次，将水"吸"出来；或用手指轻轻按压宝宝的嘴唇，诱使其做张嘴动作，反复数次，以便活动颞下颌关节，促使水从外耳道流出。紧接着固定宝宝的头部，用消毒棉签伸进宝宝耳朵约1厘米旋转，将水拭干。如果宝宝不配合，千万不可强行掏耳，否则会有鼓膜穿孔的危险。可以等宝宝睡着，或直接带宝宝去医院请专业护士处理。

宜这样清理宝宝鼻腔

细心的妈妈会发现，宝宝的小鼻孔常会出现鼻屎，从而导致宝宝呼吸费力，甚至因此而哭闹不安。此时，就需要妈妈及时帮宝宝清理鼻腔。不过，清理宝宝的鼻腔分泌物时一定要特别小心，否则很容易对宝宝稚嫩的鼻子造成伤害。

清理宝宝鼻腔分泌物时，要先软化分泌物，用棉棒沾清水往鼻腔内各滴1～2滴，或用母乳、牛奶滴入亦可，经1～2分钟待分泌物软化后再用干棉棒将其拔出，或用软物刺激鼻黏膜引起喷嚏，鼻腔的分泌物即可随之排除，从而使小宝宝鼻腔通畅。需要注意的是，妈妈不能直接用手指去挖小宝宝的鼻子，这样会使鼻黏膜受伤。

宜这样处理宝宝眼屎

如果宝宝的眼睛有眼屎，他会觉得不舒服，这个时候不能让宝宝自己用小手去碰触眼睛，因为他还不能很好地掌握力度。妈妈可以用宝宝的小毛巾沾温水然后拧干，在宝宝有眼屎的地方轻轻敷一下，时间不宜过长，每次3秒就拿开，目的在于把宝宝的眼屎软化。然后用棉签轻轻将宝宝软化的眼屎擦下来，记住力道要轻，还要小心宝宝乱动。

宜这样护理宝宝皮肤

宝宝的皮肤是预防感染的一道保护屏障。宝宝的皮肤娇嫩且代谢很快，易受汗水、大小便、奶汁和空气中灰尘的刺激而发生糜烂，尤其是皮肤的皱褶处，如颈部、腋窝、腹股沟、臀部等处更容易发生，甚至会发生感染，成为病菌进入体内的门户。妈妈要经常给宝宝洗澡，保持皮肤洁净，从而减少感染的概率。

宝宝皮肤角质层较薄，缺乏弹性，防御外力的能力较差，受到较微的外力就会发生损伤，皮肤损伤后又容易感染。因此，宝宝的衣着、鞋袜等要得当，避免一切有可能损伤皮肤的因素。

宝宝的皮肤薄、血管丰富、有较强的吸收和通透能力，因此，不可随意给宝宝使用药膏，尤其是含有激素类的药膏。给宝宝洗澡时，要使用刺激性小的婴儿皂、中性皂，不可使用成人用的香皂或药皂等。

宝宝皮肤上的汗腺分泌旺盛，室温较高、保暖过度时，可使汗腺的分泌物堆积在汗腺口而形成红色的小疹子，多见于面部、背部或胸部。因此，要保持适宜的室温，避免过分保暖，及时调节室内温度和增减宝宝的衣服，经常洗脸、洗澡，保持宝宝的皮肤清洁。

宜这样清洁宝宝的牙齿

宝宝从第一颗乳牙长出来，妈妈就要开始给宝宝牙齿进行清洁工作了。2岁以前宝宝的牙齿刚刚长出，还未完全正式定型。不要使用牙刷清洁牙齿，牙刷毛的坚硬性和粗糙性对宝宝的乳牙会造成一定的伤害。在这个阶段，在宝宝睡觉前，妈妈可以用湿润的纱布帮助清洁一下小乳牙，包括清洁后面的牙龈组织，促进其他牙齿的萌出，减少口腔里细菌的滋生。但妈妈要注意，千万不要用力，否则会损伤宝宝的牙龈。

宝宝到了2岁左右，牙齿基本就长齐了，这时候可以选用儿童专用的牙膏、牙刷进行牙齿清洁。刚刚接触牙刷的宝宝，掌握不好刷牙的力度，刷牙姿势也不正确，也不会使用漱口水。这时候妈妈只需用牙刷沾清水，清洁宝宝的牙齿就可以。慢慢地宝宝熟悉牙刷以后，再逐渐使用牙膏。千万不要让宝宝自己刷牙，避免发生意外造成危险。

宝宝流口水宜这样护理

（1）要随时为宝宝擦去口水，擦时不可用力，轻轻将口水拭干即可，以免损伤局部皮肤。

（2）常用温水洗净口水流经处，然后涂上油脂，以保护下巴和颈部的皮肤。最好给宝宝围上围嘴，以防口水弄脏衣服。

（3）给宝宝擦口水的手帕，要求质地柔软，以棉布质地为宜，要经常洗烫。

（4）如果宝宝口水流得特别严重，就要去医院检查，看看宝宝口腔内有无异常病症、吞咽功能是否正常等。

宜这样给宝宝剪指甲

宝宝的指甲盖又软又小，不容易剪断，正常的指甲刀容易伤到宝宝，所以要使用专为宝宝设计的指甲剪。剪指甲时，妈妈先让宝宝背对自己抱在大腿上，然后用一手拇指和食指牢牢地捏着宝宝要剪指甲的手指，另一只手握住指甲刀沿指甲的自然弧度轻轻转动指甲刀，将指甲剪下。剪好后检查一下宝宝指甲的边缘处，如果有方角或尖刺，要修剪成圆滑的弧形，以防宝宝抓伤自己。

给宝宝选购适宜的洗护用品

宝宝的皮肤不仅易干燥，而且抗感染能力差，容易受外界影响。由于宝宝的皮肤自我调节能力还不够完善，出汗较多，所以要为宝宝选择补充平衡皮肤水分的护肤品。

简单来说，给宝宝选择护肤品要注意以下几点。

（1）应选用婴幼儿专用护肤品。成人润肤产品含有激素和抗衰老成分，不利于宝宝的健康。

（2）看清产品成分。宝宝适合用油性的护肤品，要看成分列表中是不是含有维生素E、脂溶性氨基酸等。

（3）看清楚产品说明书。宝宝皮肤娇嫩，使用新的润肤品前，都要先看清楚说明书，看有没有含易引起过敏的成分。如果不太确定，先在宝宝皮肤上小范围地试用几次，然后再全身使用。

（4）注意涂抹的技巧。给宝宝搽润肤用品时，裸露在外的皮肤由于水分蒸发较大，要多搽点。皮脂腺分泌少的四肢伸直侧、手足等处，可以稍微涂厚一点，多涂几次。其他部位可涂薄点，以便皮肤能通畅地呼吸。

宜正确给宝宝使用爽身粉

爽身粉有良好的预防痱子功效。妈妈最好给宝宝选用玉米爽身粉，这种爽身粉不含滑石粉。传统爽身粉的主要成分是滑石粉，滑石粉中含有不可以分离的铅，铅进入宝宝体内很难代谢，长期使用对宝宝的健康成长不利。而玉米淀粉的婴儿爽身粉比滑石粉的婴儿爽身粉感觉更天然，对宝宝皮肤的刺激性较低。

此外，妈妈在给宝宝使用爽身粉的时要注意以下几点。

（1）选购专供宝宝使用的爽身粉，不要与成人用的混淆。

（2）扑爽身粉时要注意，事先将粉倒在手或粉扑上，然后给宝宝扑撒。

（3）避免在风道处扑洒，要防止将粉扑在宝宝的眼、耳、口中。

（4）重点扑撒部位，如臀部、腋下、腿窝、颈下等。要注意将宝宝皱褶处皮肤拉开扑撒，每次用量不宜过多。

宜仔细清洗女宝宝的外阴

妈妈在给宝宝洗澡的时候，要注意清洁宝宝的私密处。如果是女宝宝，妈妈要先用干净纱布清洁外阴，注意由里到外，由前往后擦洗。然后用手握住宝宝的双脚，抬起双腿，清洗屁股、肛门。洗完后在臀部涂上护肤品，更换干净尿布。清洗纱布只能用一次，若要重复使用，须经过清洗、煮沸、消毒。

宜仔细清洗男宝宝的阴茎

在清洁男宝宝的私密处时，妈妈要用纱布或毛巾，先擦拭大腿根部和阴茎。把阴囊轻轻地托起，清洁四周。清洗阴茎的动作要轻柔，不要推动包皮。然后用手握住宝宝的双脚，抬起双腿，清洗屁股、肛门。洗完后涂上防护的护肤品，换上干净尿布。

宜保持宝宝小屁屁清洁干爽

　　宝宝的小屁屁在潮湿不透气的状态下易得尿布疹，所以妈妈要注意让宝宝的小屁屁保持清洁干爽。妈妈应在宝宝每次便后用温水给宝宝擦拭小屁屁，毛巾擦干或小屁屁晾干以后再穿上纸尿裤。一旦宝宝纸尿裤脏了或湿了，应及时更换。不过不要在宝宝喝完奶后更换纸尿裤，平躺的姿势很容易导致宝宝吐奶。

　　如果条件允许，尽量减少给宝宝穿纸尿裤的时间，如洗澡后或便后，不要立刻给他包尿布，不妨让他放松一会儿。冬天要注意保暖，每次的时间不宜过长。如果是纸尿裤引起宝宝过敏，那么最好换个品牌或使用吸水性好的尿布。

为宝宝选购适宜的纸尿裤

　　（1）纸尿裤要柔软、不含刺激成分（腰围、粘胶布也要考虑）。宝宝的皮肤厚度只有成年人的十分之一，缺乏弹性，受到摩擦很容易破损。柔软舒适的表面对宝宝的皮肤摩擦较小，能有效避免宝宝柔嫩而敏感的皮肤受损，也不会引起皮肤过敏。

　　（2）纸尿裤吸水性要强。宝宝的新陈代谢非常活跃，一天要尿很多次，如果不及时更换纸尿裤，宝宝屁股经常处于潮湿的状态容易引发尿布疹。所以，要选择吸水性较强的纸尿裤，尤其是带有防回渗、防侧漏设计的，可以保持宝宝屁股处在干爽状态。

　　（3）纸尿裤透气性要好。宝宝虽然比成人小得多，但排汗量却和大人几乎一样。所以，宜选择透气性好的纸尿裤，可以避免宝宝屁股处在潮湿闷热的状态。

　　（4）胶粘带要好用。纸尿裤的胶贴带要紧贴纸尿裤，最好可以重复粘贴。

　　（5）选择适合的型号。纸尿裤按照宝宝不同阶段有几种型号。妈妈要注意购买适合宝宝的型号，腿部和腰部的松紧不能勒得过紧，否则易把宝宝的皮肤勒伤。

宜正确给宝宝使用纸尿裤

　　（1）将宝宝纸尿裤摊开，放在宝宝的臀部下面。

　　（2）宝宝纸尿裤背部要放得比腹部稍高些，防止尿液从背部漏出。

　　（3）将纸尿裤往上拉到宝宝肚脐下，把两边的搭扣对准腰贴部位粘好，注意不要粘得太紧。如果选择的是弹性、无胶的腰贴，纸尿裤就更牢固，不会随着宝宝的滚动而变换位置。

（4）宝宝由于膀胱未发育完善，不能将小便在体内存放很久，所以纸尿裤更换次数会多些。使用初期，无论宝宝有无排尿，每隔2～3小时都要换一次。随着宝宝的不断生长，逐步改为一天4次。

（5）如果隔天晚上的纸尿裤是干净的，第二天也要给宝宝换纸尿裤，以防细菌感染。

宜给宝宝少用纸尿裤

纸尿裤使用起来虽然方便，但毕竟不是天然的材料，再强的吸水性和透气性，还是有可能捂着宝宝的小屁屁。纸尿裤使用一段时间，就会有一种潮潮的感觉。宝宝的屁屁长期处于这种潮湿的环境中，并受到尿液刺激，容易出现"红屁股"，使用时间长了容易得尿布疹。

如果更换纸尿裤不及时，宝宝容易被细菌感染。宝宝也不喜欢纸尿裤，所以随着宝宝逐渐长大，大小便有规律了，妈妈要尽量减少给宝宝使用纸尿裤，可以晚上或出门的时候使用，其他时间用尿布就好。

为宝宝选择适宜的尿布

尿布相对于纸尿裤而言，柔软舒适、透气性好、不刺激宝宝皮肤，还可以重复使用，较为经济实惠。尿布选用的材料一定要柔软、清洁、吸水性能好。纯棉的旧床单、旧内衣都是很好的备选材料，也可以使用新的纯棉棉布制作。无论是哪种材料，使用前都要先清洗煮烫使布料柔软后再用。

此外，妈妈一定要注意，尿布宜选择浅色布料，深色的布料含的染料对宝宝的皮肤会产生刺激作用，以致引发尿布皮炎。浅色还便于观察宝宝便便的颜色和形状，及时掌握宝宝的健康状况。

给宝宝换尿布宜轻柔

妈妈在给宝宝换尿布时注意动作要轻柔，力量太大会弄疼宝宝或造成关节脱臼。换尿布时，妈妈用左手轻轻抓住宝宝的两只脚，主要是抓牢脚腕，把两腿轻轻抬起，使臀部离开尿布，右手把尿布撤下来，垫上干净尿布。注意把尿布放在屁股中间，如果拉便便了，应当使用护肤柔湿巾擦拭。换尿布要事先做好准备，快速更换。在冬天时，细心的妈妈应该先将尿布放在暖气上捂热，妈妈的手搓暖后再给宝宝换尿布。

宜这样给宝宝洗尿布

（1）先用温热水浸泡，再清洗2～3遍，拧干后，再用开水烫一遍。

（2）如果尿布沾有宝宝的便便，要先将尿布上的便便刷掉，再用中性肥皂（或宝宝专用的尿布皂）浸泡、搓洗，以尿布上无便痕为准，将残留皂液漂洗干净后再用开水烫。

（3）尿布洗干净后，最好放在太阳下面晒干，使尿布干爽，又可达到消毒杀菌的目的。

（4）如果没有条件晾晒时，可以用熨斗烫干，这样尿布不易返潮，较为干爽舒适，又可达到消毒的目的。

宜预防宝宝尿布疹

尿布疹是宝宝常见的皮肤病，多发于10～12个月的宝宝。病情轻的宝宝，多见垫过尿布的地方皮肤发红；病情重的宝宝，垫过尿布的地会发生糜烂、丘疹、脱皮等状况。

尿布疹的成因有的是宝宝小屁屁长时间被脏尿布包裹，尿液和粪便分解后释放出氨，损伤并刺激宝宝细嫩的皮肤；或宝宝对残留在尿布上的肥皂粉或衣物洗涤剂过敏；还有由于白色念珠菌感染引起。

那么，该如何预防宝宝尿布疹呢？

（1）要选择易清洁、柔软、吸水力强的尿布或纸尿裤。

（2）定时更换尿布或纸尿裤，不要让宝宝的臀部经常处于潮湿的状态。一旦发生轻度红臀，每次排便便后，妈妈要用清水洗宝宝的臀部，并且涂上专用软膏。

（3）夏季更应预防红臀的发生。宝宝的体温调节不稳定，汗腺排腺孔少，汗液不易排出，环境湿热，更易形成红臀。

（4）洗尿布时应充分洗净皂液，并用开水烫洗后在阳光下晒干，以免刺激宝宝柔嫩的肌肤。

（5）如果已经发生红臀，可在局部涂护臀膏，如5%鞣酸软膏。在棉签上先挤上一点药膏，采取滚动式在宝宝红臀处涂抹，范围要超过红臀。注意经常保持宝宝臀部干燥。护理后应给宝宝更换干净的尿布或纸尿裤。

夏季宝宝宜预防痱子

痱子是宝宝夏季常见的皮肤病。发生痱子的原因是由于天气炎热、室内通风差、穿衣过紧、皮肤不清洁使汗腺孔被堵塞，汗液排泄不畅所致。痱子多发于头面部、颈前、肘窝和胸背部，一般成批出现，瘙痒难忍。

预防痱子主要是设法降低室内温度，使室内空气流通，及时换下宝宝身上沾有汗渍的衣服，勤洗澡。为了增加宝宝皮肤的抵抗力，要注意锻炼宝宝的皮肤，经常进行日光浴、空气浴和水浴。

此外，有些宝宝长痱子是因为穿衣不当所致。夏季炎热，应穿吸水性好的薄棉布，而且衣服要宽松，这样宝宝身体散发出的热量容易散发出来，汗水被棉布衣服吸去自然不易长痱子。

宜这样训练宝宝排便

宝宝学会了坐以后，就可以培养和训练宝宝坐盆排便的习惯。训练宝宝坐盆排便，最好定时、定点让宝宝坐盆，并教会宝宝用力。在宝宝有大小便的表示，比如说，正在玩着突然坐卧不安，或用力"吭吭"的时候，就要迅速让宝宝坐盆，逐渐养成习惯。

一开始宝宝不一定能坐稳，妈妈可以扶着。如果宝宝不愿意坐盆，一坐就打挺那就不要勉强，但每天都坚持让宝宝坐，多训练几次就好了。

宜选择宝宝专用洗衣液

宝宝的皮肤柔嫩，抵抗力也比较弱，所以宝宝的衣物不仅要确保干净，还要做好除菌、消毒工作。宝宝的衣物一定要洁净安全，不仅在于衣物会和宝宝身体长时间接触，更重要的是宝宝喜欢啃咬衣物，有害物质可能因此进入宝宝体内。

人体皮肤呈弱酸性，而普通的洗涤产品，如洗衣粉、肥皂等都是碱性产品，漂洗不净容易造成残留而伤害宝宝皮肤；成人洗衣液中还含磷、荧光漂白剂等，这些都可能危害宝宝健康。所以，要选专用的宝宝洗衣液。洗衣服时，要注意宝宝衣物单独手洗，用50～60℃热水为宜。

忌

不宜给小宝宝剃胎毛

宝宝满月时剃去头顶胎毛的习俗，称之为"剃满月头"。通常认为这样做以后，宝宝会长一头乌黑浓密的头发。其实，这种做法毫无根据。正常情况下，宝宝的胎发都会由日后长出的头发替换掉，不需要刻意剃除。

头发长得快慢、多少与剃不剃胎毛并无关系，而是与宝宝的生长发育、营养状况及遗传等有关。宝宝头皮薄、抵抗力弱，剃刮容易损伤皮肤，引起皮肤感染。如果细菌侵入头发根部破坏了毛囊，不但头发长得不好，反而易导致脱发。如果需要为宝宝理理发，让宝宝看起来精神些，这时也应采取"剪"的方式。用剪刀剪去过长的头发，既可以让宝宝显得精神，又不会对头皮造成损伤。

这些宝宝不宜洗澡

（1）宝宝打过预防针后，皮肤上会暂时留有肉眼难见的针孔，这时洗澡容易使针孔受到污染。

（2）遇有频繁呕吐、腹泻时暂时不要洗澡。

（3）发热或退热48小时内不要洗澡。发热后宝宝的抵抗力极差，马上洗澡容易遭受风寒引起再次发热，甚至有的还会发生惊厥，所以退热48小时后才能给宝宝洗澡。

（4）宝宝皮肤损害时不宜洗澡。宝宝有皮肤损害出现，如脓疱疮、疖肿、烫伤、外伤等，不宜洗澡。皮肤损害的局部会有创面，洗澡会使创面扩散或易受细菌感染。

（5）吃饱后不应马上洗澡。宝宝吃饱后马上洗澡，会使较多的血液流向被热水刺激后扩张的表皮血管，而腹腔血液供应相对减少，这样会影响宝宝的消化功能。所以，饭后1～2小时给宝宝洗澡为宜。

不宜用香皂给宝宝洗澡

因为宝宝的皮肤娇嫩，香皂属于碱性的，对宝宝来说刺激性太强。使用香皂给宝宝洗澡，易引起皮肤干燥瘙痒，长期会破坏宝宝皮肤的自身免疫系统，减低了宝宝皮肤的抗菌力，容易引发皮肤感染和皮炎。给宝宝洗澡要选用性质温和、天然配方、宝宝专用的沐浴露或只用温水冲洗即可。

忌给宝宝滥用爽身粉

（1）爽身粉容易吸水，吸水后形成颗粒状物质，如果长时间停留在宝宝的皮肤上，会导致皮肤发红糜烂。爽身粉扑在宝宝的屁股上，遇尿凝结就会阻塞汗腺，导致摩擦发红，产生皮疹。

（2）爽身粉含有氧化镁、硫酸镁，容易侵入呼吸道。宝宝的呼吸系统发育不完善，即便吸入微量也很难排出体外。如果吸入量多，侵入支气管破坏气管的纤毛运动，就会降低防御力，容易诱发呼吸道感染。

（3）妈妈要注意，禁止在女宝宝的私密处扑爽身粉。爽身粉的颗粒细小，极易通过外阴进入阴道、宫颈等处，并附着在卵巢的表面，易刺激卵巢上皮细胞增生。

忌让宝宝使用成人护肤品

妈妈要给宝宝准备专门的护肤品，严禁使用成人的护肤品。宝宝皮肤娇嫩，无论是厚度还是结构组成都和成人有一定差异。成人护肤品是按照成人的皮肤性质设计的，有些成分对于宝宝来说，浓度过高、刺激性过大，很容易引起过敏。

许多成人护肤品含有苯二甲酸酯，而苯二甲酸酯可能会危害肝脏和肾脏，甚至会引起性早熟。还有一些成人护肤品含有水杨酸或松香油，这些成分如果通过宝宝的皮肤吸收到血液中，就会引起宝宝中毒。

忌强行制止宝宝吸吮手指

宝宝认识这个世界，是通过嘴开始的。手对于大脑还没有发育完善的宝宝来说，只是一个外在的东西，所以喜欢将它塞进嘴里吮吸感知。婴儿时期宝宝吮手指其实对脑神经发育能起促进作用。吃手指是宝宝进入手指功能分化和手眼协调准备阶段的标志之一。

所以，妈妈不要强行阻拦宝宝吮手指的行为。如果妈妈一直盯着宝宝，宝宝把手指放进嘴里就立即拿掉宝宝的手，这样反而强化了宝宝对吸吮手指这个行为的记忆。更不要在宝宝的小手指上涂苦味、辣味的东西，这样对宝宝健康不利，也起不到什么作用。也不要给宝宝戴手套，摘掉手套后吸吮手指的行为会变得更严重。妈妈可以引导宝宝多做各种动手的游戏，起到占用手而忘记吸吮手指的目的。

在宝宝吸吮手指这个阶段，妈妈只要保持宝宝小手干净，口唇周围清洁干燥，以免发生湿疹即可。等宝宝长到1岁半左右，能满地跑着玩，随着活动范围扩大，宝宝的兴趣点转移，吃手的习惯也就自然而然地不见了。

忌制止宝宝咬东西

宝宝长牙后，喜欢抓到物品就放进嘴里啃，这为他日后自己进食打下基础，所以妈妈不要呵斥宝宝，也不要制止这种行为。应该经常给宝宝洗手，给他一些饼干、水果片、馒头，这些食物可以帮他磨牙床。

不过，宝宝喜欢啃东西之后，会抓到什么就吃什么，因此妈妈要注意随时清洁宝宝的用品和玩具。玩具要经常清洗，保持卫生；收起涂漆的木玩具、有尖锐边角的铁玩具，如小铲子、小汽车等；不要让宝宝拿到直径2厘米以下的小物品，以免误食。还可以给宝宝买软硬不同、不同材质的玩具，锻炼宝宝的分辨感知能力。

宝宝的头发不宜留得太长

宝宝处在快速生长发育阶段，身体最需要吸收的就是养分。头发生长需要大量养分，所以宝宝的头发不宜过长。再者宝宝顽皮好动，喜欢上蹿下跳钻来钻去，头发过长容易卡住导致危险。长发如果不能及时清洁，极易沾染细菌，影响宝宝健康。给宝宝理发最好是剪短，不要剃光头，头发最好留有5毫米左右的长度，可以有效防止蚊虫叮咬及阳光直射头皮带来的伤害。

忌给宝宝戴小手套

宝宝长指甲后，由于还不能控制手脚定向运动，有时不自觉就会把自己划伤。有些妈妈为了防止出现这种情况，就给宝宝带上小手套。其实，这种做法是比较危险的，这是因为手套毛边的棉线，很容易绕在宝宝嫩小的手指上，勒住宝宝手指，时间长了宝宝手指会因为血液循环受阻，影响宝宝健康成长。

此外，戴手套会妨碍宝宝发展口腔认知和手的协调动作能力。妈妈要给宝宝手指足够的活动空间，让宝宝学习抓握，从而促进宝宝双手的灵活性和协调性，这对大脑智力潜能的开发大有好处。

忌经常给宝宝掏耳屎

有些妈妈习惯经常给宝宝掏耳屎，这种做法很容易碰伤宝宝娇嫩的耳道黏膜，引发细菌感染，甚至伤及鼓膜和听小骨，引发中耳炎及听力下降。耳屎一般会随着身体运动及口腔的张合，向外移动自行排出。所以，耳屎不多的宝宝，一般不需要清理。如果妈妈担心，也可以用棉签在外耳道入口处轻轻清理一下即可。

如果耳屎过多，可以用3%的碳酸氢钠即小苏打溶液，每2～3小时滴1滴入耳内，一天3～4次，1～2天后耳屎变软再用小镊子轻轻将其取出。注意，这个过程一定要固定好宝宝头部，不要让宝宝乱动。

忌用卫生纸代替尿布

有些妈妈用卫生纸代替尿布，或在尿布上面放卫生纸，认为这样宝宝拉了便便就可以直接扔掉卫生纸，尿布就容易清洗了。殊不知，卫生纸中含有碱性物质，会刺激宝宝娇嫩的肌肤。现在市面上的卫生纸，不管工艺制作多么精细，都会残留烧碱等碱性物质和漂白剂等氧化程度不同的化学物质。这些物质虽然浓度不高，对成人没有什么影响，但对皮肤娇嫩、抵抗力弱的宝宝来说，这些成分的腐蚀和刺激作用就不可忽视了。

如果长时间用卫生纸垫尿布，接触宝宝皮肤，就会导致宝宝患皮肤病，在肛门周围及外阴局部会发生皮肤鲜红，甚至糜烂。因此，不能用卫生纸垫尿布或卫生纸代替尿布给宝宝使用。

忌用成人洗衣粉洗尿布

给宝宝洗尿布的时候，最好使用宝宝专用的洗衣皂或洗衣粉，避免使用成人的强洗涤剂和加酶洗衣粉。洗衣粉属人工合成的化学洗涤剂，其主要成分是烷基苯磺酸钠（简称ABS）。ABS是一种有毒的化合物，对宝宝娇嫩的皮肤有明显的刺激。

如果使用洗衣粉洗涤尿布时，漂洗不够彻底的话，宝宝皮肤细嫩，接触到尿布上的ABS残留物后，不仅可引起过敏反应，还会出现胆囊扩大和白细胞升高等症状。ABS对肝脏等器官发育不全的宝宝危害尤为严重。所以，妈妈给宝宝洗尿布时不宜用成人洗衣粉。

忌用柔顺剂洗尿布

衣服柔顺剂中含有多种化学成分，其中包括乙酸苄酯、苯甲醇、氯仿等。氯仿是医学界公认的可疑致癌物，而苯甲醇等也会对人体造成不同程度的伤害。所以，给宝宝洗尿布，千万不要用柔顺剂。而且用了柔顺剂以后，好像尿布变得柔软了，其实柔顺剂导致尿布表面形成一层保护膜，并不利于吸收尿液。如果觉得尿布用的时间长了，有些发硬，可以在洗尿布时候，加入几勺醋，就能使尿布变得柔软。

不宜这样清洁宝宝小屁屁

宝宝的小屁屁非常娇嫩，角质层薄，抵抗力弱，稍不注意就会造成"红屁股"。妈妈要注意对于出现红屁股的宝宝，千万不要用肥皂清洗，否则宝宝的臀部皮肤受到新的刺激会更红。

还有些妈妈会在宝宝的小屁屁上擦爽身粉，这也是不适宜的。粉剂吸水后容易硬结，不但无法保持局部干燥，还会刺激宝宝皮肤。

此外，每次换尿布后妈妈都会给宝宝清洗小屁屁。事实上，小屁屁清洗次数不宜太多，容易洗去皮肤的天然保护膜，反而使皮肤更加容易受刺激，一般每天不要超过3～4次。有条件的，在更换尿布时，选用婴儿湿巾（含婴儿润肤露的）擦干净小屁屁，再抹上宝宝护臀膏，为皮肤加上一层保护膜，既能阻隔尿、便直接刺激臀部皮肤，又可以起滋养作用。

忌宝宝纸尿裤过小

给宝宝选择纸尿裤，尺码合适很重要。很多妈妈会选择紧紧包住宝宝屁股的纸尿裤，觉得这样的尺寸刚刚好。其实，包裹严密的纸尿裤并不适合宝宝。纸尿裤的透气性、散热性都有一定局限。男宝宝使用过紧的纸尿裤，紧紧兜在宝宝的胯下，大腿根部没有空隙，空气不流通，胯下就会集聚热量，时间长了会影响男宝宝睾丸的正常生长。

若给女宝宝使用的纸尿裤太紧，胯下温度过高、不透气，会导致细菌大量繁殖，感染到女宝宝的外阴、尿道口等部位。所以，给宝宝选择纸尿裤，最好遵循宝宝穿上后，腰部能竖着放进两根指头，腹股沟处能平着放进一根食指的原则。

忌长时间不更换纸尿裤

纸尿裤使用方便，不像传统尿布一样需要清洗，而且吸湿性强。但纸尿裤多采用塑料膜作为外部隔水层，透气性还是有些局限，长期不更换，会使宝宝红屁股，起尿疹、湿疹。所以，纸尿裤都不要用的时间太长。婴幼儿时期的宝宝白天可以3小时换一次，大一点时可以4~6小时换一次，晚上可以一夜换2次或是1次就好。在宝宝穿上新的纸尿裤前可在臀部涂一些护臀膏，以减少尿液对宝宝皮肤的刺激。

生活细节

给宝宝选择适宜的枕头

3个月时，宝宝开始学习抬头，脊柱颈段出现生理弯曲，这时候最好给宝宝准备一个小枕头。宝宝的枕头应随着宝宝的生长发育调整高度，高度以3~4厘米为宜。枕芯应柔软、透气、轻便、吸水性好，可用荞麦皮或用晒干后的茶叶装填枕芯，枕套最好由棉布制成。妈妈需要注意的是，宝宝的枕头不能过于柔软，以免宝宝的面部陷入枕头造成窒息。

应避免让宝宝使用成人枕头。成人枕头对宝宝来说往往过高，不仅睡起来不舒服，久而久之还会使宝宝出现驼背、斜肩等畸形。另外，头部抬得过高，颈部过于弯曲还会使气管受到压迫，造成呼吸不畅、容易惊醒等。因此，最好购买或自制宝宝专用枕头。

宜让小宝宝睡硬板床

宝宝出生后，全身各个器官都在生长发育，尤其是骨骼生长得更快，特别是脊柱。但这个时期的宝宝，由于骨骼中的有机质含量多，无机质含量相对较少，因此非常有弹性，也很柔软。如果经常让宝宝睡在比较软的床上，就会影响正常生理弯曲的形成，导致驼背或漏斗胸，甚至还会影响腹腔内脏器的发育。所以，平时宜让宝宝睡铺有床垫的硬板床，不要睡过于柔软或垫有海绵垫的床。

给宝宝选择适宜的被子

宝宝小被子的里和面应选择柔软、通气、吸汗性能好的纯棉材料，用棉花填充。被子要根据宝宝的身长而定做，避免太长、太大。特别是在宝宝会翻身后，被子太长，容易裹住宝宝使其窒息。被子不必太厚，可以准备一两床稍薄的贴身盖，再做一床稍厚的，随时为宝宝更换。

 宝宝宜选择什么样的睡姿

睡姿	优点	缺点
侧卧睡	可以减少呕吐和呕吐时的吸呛	这种姿势宝宝很难自己维持，因为宝宝身体太柔软，无法支撑这种睡姿，需要用枕头在前胸及后背支撑。而且，侧睡时间久了还容易形成"招风耳"
仰睡	最大的好处是可以直接观察到宝宝面部的变化，以便及时发现问题。同时，宝宝四肢活动灵活	空气中的漂浮物、灰尘容易进入宝宝眼睛、鼻腔、口腔等。如果发生呕吐，食物会积聚在宝宝的咽喉处，不易由口排出，容易发生危险
俯睡	宝宝俯卧时比较有安全感，容易熟睡，也少哭闹	宝宝还不会转头，或抬头，万一出现呕吐或有毛巾、枕头阻挡口鼻呼吸的问题，就会造成呼吸障碍，严重的还会危及生命

那么，究竟该为宝宝选择哪种睡姿最合适呢？

其实，每种睡姿都有好处，也有弊端，如果一直采用一个姿势睡，是非常不科学的，宝宝也不会自在，对生长发育不利。一般来说，正常的新生宝宝，妈妈应该每2～3小时给宝宝换一个睡姿。选择哪种睡姿，关键是让宝宝感觉安逸、舒适，不哭不闹就好。等到宝宝3个月以后，妈妈就不需要特意帮宝宝翻身了，此时宝宝基本上也学会了自己翻身，可以根据自己是否舒服来调整睡姿了。

 宜让宝宝有充足的睡眠

充足的睡眠可以促进宝宝的生长发育。生长素大部分是在睡眠中分泌的，能促进人体身高的增长。宝宝睡眠充足，生长素分泌充分，就会个子高、身体壮。

睡眠还可以影响宝宝的智力发育。在熟睡的时候，脑部血液流量会明显增加，促进大脑蛋白质的合成。当睡着时，大脑皮质的神经细胞处于保护性抑制状态，得到能量补充消除疲劳之后，就具有更高的兴奋性。而睡眠不足的宝宝，口吃和其他语言障碍的倾向相对严重一些。

睡眠可以增强宝宝的抗病能力。身体机能的免疫反应是在神经系统的调节下进行的，精神状态直接影响着免疫力的高低。睡眠可以调节人体神经系统的功能，改善精神状态，因而也就增强了人体免疫力。宝宝的免疫能力是较弱的，因此睡眠也是宝宝提升抗病免疫的途径之一。

宝宝昼夜颠倒宜调整

（1）要为宝宝制定生活作息表，并切实执行下去。1岁以内的宝宝除了洗澡、吃东西、玩耍之外就是睡觉了，一天平均睡眠时间为15小时。最让爸爸妈妈困扰的应该是夜间的啼哭，这时就要找出造成宝宝夜间啼哭的原因。

（2）白天尽量让宝宝玩耍，减少午睡的时间或不要让宝宝太晚睡午觉。沐浴时间最好改在睡前的半小时至1小时前，这样可使宝宝放松心情，易于入睡。

（3）调整宝宝睡眠时也要注意宝宝是否吃饱，尿布是否干爽，身体是否有任何不适，排除这些状况后，才能开始为宝宝进行睡眠调整计划。

宜让宝宝入睡的小技巧

如何"对付"不容易入睡的宝宝，是许多妈妈遇到的难题。以下教妈妈几个哄宝宝乖乖睡觉的小技巧。

区别白天和黑夜。一定要学会让宝宝区分白天和黑夜。用光和声音来促进宝宝生物钟的形成，通过光亮和黑暗的对比让宝宝学会分辨白天和黑夜。在早晨宝宝该起床的时候，把宝宝放在光线明亮的地方，用妈妈温暖的怀抱或轻柔的音乐来唤醒宝宝。慢慢地，宝宝就会养成按时入睡、按时起床的好习惯了。

洗澡帮助睡眠。妈妈可以在每晚差不多的时间，感觉宝宝有点困了，就可以开始给宝宝洗热水澡，洗完后，给宝宝喝些水或奶，把他放在小床上，然后关掉房间的灯，宝宝很快就能入睡。

照顾宝宝的小动作。妈妈在日常生活中，可以注意观察一下宝宝喜欢的小动作，如宝宝喜欢摸着妈妈的脸才能睡着，或宝宝喜欢含着自己的手指才能睡着，摸清宝宝睡觉的小动作后，先顺从他的习惯，慢慢地宝宝就容易入睡了。因为这些小动作让宝宝感到安全，妈妈不必过多干预。

宜这样给宝宝穿衣服

宝宝穿多少合适？这是困扰许多妈妈的难题。有些妈妈判断宝宝衣服穿多了还是少了，仅从宝宝手脚的冷热来决定。这是很不科学的，因为宝宝手脚的血液比其他脏器相对较少，在冬季很容易发冷，而在活动后又很快可以使手脚温暖。

这里教妈妈们一个简单的方法，就是让宝宝自由活动10分钟，如果宝宝面色红润，贴身衣服是温热的，说明衣服正好；如果宝宝面唇色红，贴身衣服有些湿，说明衣服多了，应逐渐减少；如果面色不红润，贴身衣服是干凉的，则说明衣服太少，应适当增加。

宜培养宝宝单独睡的习惯

应培养宝宝单独睡觉的习惯，但真正做起来却很难，常是妈妈受宝宝的哭闹影响而中途放弃。让宝宝单独睡觉，要给他一个缓冲期，让他一步步地习惯独自睡觉。比如，先让宝宝午睡时自己单独睡，再让他慢慢习惯夜里也能单独睡。然后，建立一套宝宝晚间上床前的习惯性活动，如讲一个故事、给宝宝一个拥抱等。

（1）让宝宝单独睡，首先要在生活中建立宝宝的安全感。即使是4～6个月的宝宝，对父母的离去或独自一人也会产生紧张情绪。这时候，无论妈妈是在家里的哪一处，都要让宝宝听见你带有保证性的声音，让他清楚地知道你就在附近，没有丢下他不管。这样的安全感，可以给宝宝增添自己睡的勇气和信心。

（2）妈妈需要克服自己的担心，给宝宝信心，相信他能在夜里睡好。只要妈妈有所准备，即使宝宝单独睡时临时出现些问题也能有应对的心理准备和方法。

（3）如果宝宝独自睡着，在夜里啼哭，妈妈应该赶快到他的身边。当妈妈排除掉他哭泣的原因是由于生病时，就不需要把他抱起来安慰，而是俯下身轻轻地拍拍他就可以了。

宜让宝宝养成午睡习惯

宝宝能够养成午睡的习惯，不仅能让宝宝更好地生长发育，而且还能够提高宝宝的记忆力，使大脑变得更加聪明。宝宝在睡眠时，身体各部位、脑及神经系统都在进行调节，养分和能量的消耗最少，利于消除疲劳。虽然说午睡时间短，但对宝宝的健康成长十分有益。

当然，宝宝的午睡时间不宜过长，如1～3岁的宝宝，午睡时间在2小时左右为宜；3～6岁的宝宝，午睡时间控制在1～1.5小时最好。

宜重视宝宝的脚部保暖

妈妈要给宝宝做好脚部保暖。宝宝的脚脂肪很少，保温能力差，如果脚受凉会使微血管痉挛，供血受阻又进一步降低双脚的温度。

此外，如果宝宝的脚部着凉，还会引起上呼吸道黏膜微血管收缩，身体抵抗力变弱，使宝宝易伤风感冒，诱发气管炎。即便在炎热的夏天，也要给宝宝穿上合适的线袜，不要让脚部受凉。春、秋、冬季，不论是宝宝午睡还是夜间睡眠，双脚都要注意保暖。

宜用温水给宝宝洗脚

妈妈最好用温水给宝宝洗脚。洗脚不仅可以去除脚上的污物，还能使足部皮肤表面的毛细血管扩张，血液循环加快，改善足部皮肤和组织营养，增加局部抵抗力，促进宝宝睡眠，有助于宝宝的生长发育。夏天的时候，洗脚水的温度宜控制在35～40℃；到了冬天，洗脚水的温度可以在40～45℃。妈妈可以用手背试一下水温，以不烫手为宜。洗脚时的水量要能将整个足部都浸在温水中，浸泡时间需保持3～5分钟。

新生宝宝不宜用枕头

枕头起到的作用是支撑人体的颈椎，并使颈部肌肉松弛。但0～3个月的宝宝生理弯曲尚未形成，平卧时背和头部在同一个平面上。而且新生宝宝的头相对比较大，几乎与肩同宽，侧卧也很自然，所以0～3个月的宝宝不需要垫枕头。如果给宝宝使用了枕头，会使新生宝宝脊柱的发育受到影响，容易形成驼背。所以，为宝宝的正常发育着想，不宜给新生宝宝使用枕头。

宝宝睡觉忌包捆

为了给宝宝保暖，防止罗圈腿，有些妈妈在宝宝出生后把宝宝的胳膊、腿伸直，用布条或包布、被子包捆起来。这种做法是不科学的。捆住宝宝的胳膊、腿脚，使宝宝僵硬挺直，限制了四肢的活动，导致宝宝的肌肉、关节得不到运动锻炼，不利于神经、肌肉的发育，同时神经得不到有效刺激，会影响大脑的发育。此外，还可能影响宝宝的呼吸和胸廓的正常发育。

最简单理想的方法是给宝宝穿上合适的内衣，包好尿布，在上面盖一条较为宽大的被子。被子的厚薄可根据室内温度进行选择，这样宝宝可在被子下面伸胳膊、踢腿，自由地活动。

宝宝睡眠被子忌过厚

有些妈妈怕宝宝着凉，喜欢给宝宝盖上厚被子。其实，太厚的被子往往过重，可能引起宝宝呼吸不畅。而且被子太厚容易让宝宝觉得闷热难受，就会不自觉地把被子蹬开透风。宝宝的免疫能力弱，经常蹬被子会导致感冒、咳嗽、腹泻等。如果宝宝从小就习惯了在过分温暖的环境下入睡，还会降低他自身的御寒能力，变得弱不禁风。

宝宝不宜与妈妈睡一个被窝

有些妈妈为了方便在夜里照顾宝宝，就把宝宝放在自己的床上，一个被窝入睡。这种做法不可取。妈妈最好在卧室中为宝宝准备一张大小适宜的婴儿床，让宝宝单独睡。因为妈妈往往容易把宝宝的头蒙在被窝里，使得宝宝没办法呼吸到新鲜空气，使宝宝睡得不舒服，也对宝宝的呼吸系统发育不利。

此外，妈妈哺乳期相当疲劳，晚上给宝宝喂奶后，翻身时容易把宝宝压在身体下面，造成宝宝发生意外窒息的情况。从小让宝宝自己睡，不仅可以让宝宝拥有良好的睡眠，还有助于增强宝宝成长的独立性。

忌让宝宝蒙头睡觉

有些宝宝睡觉时喜欢将头蒙在被子里，这是很不好的习惯。把头蒙在被窝里，被窝里的空气不流通。由于不断地呼吸，被窝里的氧气量逐渐减少，呼出的二氧化碳越来越多，宝宝就会把二氧化碳吸入身体里，血液里的二氧化碳越来越多，浓度逐渐增高。高浓度的二氧化碳对人体具有毒性，可出现头疼、气急、全身无力等症状。即便只吸入4%的二氧化碳，就可产生喘息、窒息感。

这种异常情况传递给大脑，就引起一些皮层区域的兴奋活动，睡眠中就易做噩梦、睡不安稳。宝宝就会感到不舒服而挣扎翻动，甚至把被子蹬开，有的还会突然惊醒或叫喊。而且长期蒙头睡觉会使身体虚弱、心肺功能降低、头痛、头晕。因此，一定要让宝宝养成睡眠时口、鼻露在被子外面的习惯，这样才有益宝宝的身心健康。

忌让宝宝趴着睡觉

妈妈要留心宝宝的睡姿，不要让宝宝趴着睡觉，如果是这种睡姿，妈妈一定要在他睡熟后，给他翻过来。这种睡姿对宝宝的心肺、肠胃、膀胱压迫较重，还容易导致流口水。如果宝宝太小还不会转头和翻身的话，被褥容易堵塞住宝宝的口鼻而引起窒息。长期趴着睡，不仅会影响宝宝手脚的自由活动，而且不利于宝宝面部成型，甚至会影响胸腔和肺部的发育。

忌在入睡前刺激宝宝

妈妈不要在宝宝睡觉前刺激宝宝，以免引得宝宝神经兴奋。宝宝神经过于兴奋，要么难以入睡，要么睡不踏实，会多梦，说梦话，影响睡眠质量。人体的生长激素分泌高峰是在夜里，其分泌量是白天的3倍。宝宝熟睡后，生长激素分泌开始逐渐增加，到夜里12点左右达到高峰。睡眠质量不好，势必直接影响生长激素分泌，进而影响生长发育。

在入睡前要让宝宝心情平和，临睡前给宝宝洗好澡、穿上睡衣做好入睡的准备。睡前0.5～1小时内不要做剧烈活动。如果宝宝刚玩完剧烈的游戏，或情绪处于兴奋之中，妈妈至少要给他十几分钟冷静下来的时间，使他精神放松后再入睡。

宝宝不宜抱着玩具睡

每个宝宝都有自己特别喜爱的各种玩具，并把它当作自己的情感依赖，往往不允许它离开自己半步，连睡觉也不例外。宝宝带着玩具入睡，这种做法是不适宜的。

（1）睡觉时玩具置于身旁，宝宝会忍不住把玩，短则十几分钟，甚至更长时间。这不利于培养宝宝按时入睡、自然入睡的好习惯。

（2）布制玩具和长毛绒玩具容易脏，睡觉时置于宝宝的身边极不卫生；金属玩具因其棱角坚，质地硬，放在身边也不安全。

（3）卧室即使开着灯，光线也比较暗。睡在床上，边玩边睡，宝宝的眼睛与玩具之间的距离通常不到20厘米，易导致眼疲劳，眼内压力增高影响视力。为了培养宝宝良好的生活卫生习惯和保护视力，妈妈不能让宝宝养成抱着玩具睡的习惯。

忌给小宝宝挑马牙

大多数宝宝在出生后4～6周时，口腔上腭中线两侧和齿龈边缘，会出现一些黄白色的小点，很像是长出来的牙齿，俗称"马牙"。医学上把"马牙"叫做上皮珠。上皮珠是由上皮细胞堆积而成，是正常的生理现象，"马牙"并不影响宝宝吃奶和乳牙的发育。"马牙"通常一两周就会逐渐脱落，不需要医治。

妈妈注意不要自行为宝宝挑破马牙，因为宝宝的口腔黏膜很薄且毛细血管丰富，如出现破口容易引发感染，甚至造成败血症。

忌给小宝宝挑螳螂嘴

当宝宝出生后，两侧脸颊后部通常会长出两个突向口腔的脂肪垫，使宝宝口腔前部的上下牙床不能接触。这种现象通常叫做"螳螂嘴"，是一种正常现象，无需治疗。宝宝吸奶的时候，用舌头、口唇黏膜、颊部黏膜抵住乳头，两个脂肪垫自然关闭，这样能增加口腔中的负压，方便宝宝吸奶。

当宝宝逐渐长出乳牙后，脂肪垫就会慢慢变扁平。一些父母认为这两个脂肪垫是多余的，想用刀把它们割除，这是十分危险的。这么做，轻则会影响宝宝正常吸奶，引起口腔感染；重则会造成败血症，使宝宝出现生命危险。

忌忽视宝宝的腹部保暖

宝宝的腹部没什么脂肪，腹壁比较薄，尤其是肚脐周围更是如此。腹部如果着凉受寒，就会出现胃痛、消化不良、腹泻等病症。尤其很多重要脏器都位于腹部，面积大，体表散热也快。如果腹部受寒，腹腔内血管会立即收缩，甚至引起胃的强烈收缩而发生剧痛，从而引发各种疾病。所以，妈妈要注意给宝宝的前胸和后背做好保暖措施。

忌在宝宝睡觉时门窗对开

宝宝睡觉时尽量关好门窗，避免宝宝受凉引起感冒或其他疾病。如果门窗对开，形成对流风，就不要把宝宝放到风口的地方，让对流风吹到。对流风会带走较多的水分，引起体温下降，而宝宝身体抵抗力差，易引发感冒、腹泻。

宝宝睡觉时忌紧闭门窗

如果门窗紧闭，不到3小时，室内的二氧化碳浓度就会增加3倍以上。门窗紧闭，通气不够，污染物密度就会增高，细菌、尘埃等有害物质也会成倍增长。因此，宝宝睡觉时应留些窗缝，以便让室外新鲜空气不断进入，室内二氧化碳及时排出。睡觉时，应注意不要让风直吹身体，更不可让风直吹头部，尤其注意不要让空气在室内形成对流风。

宝宝的房间忌开夜灯

有些妈妈担心宝宝怕黑，晚上给宝宝开夜灯。其实，这种做法不利于宝宝正常的生长发育。人体自身遵循着昼明夜暗的自然规律，任何光源都会形成光压力，夜间亮灯会扰乱宝宝正常的生物钟。宝宝会表现得躁动不安、情绪不宁，导致宝宝的睡眠质量变差。如果睡眠不好，就会降低生长激素的分泌，进而会影响宝宝的发育，最后导致宝宝个子长不高，或低于正常体重。

长久在灯光下睡眠，还对宝宝的视力发育不利。由于持续不断的光线刺激，眼球和睫状肌不能得到充分休息，易给宝宝造成视网膜损害，增加宝宝患近视的概率。

忌让宝宝憋尿

妈妈要理解，宝宝控制大便比小便容易，两岁左右的宝宝就能够控制大便，但控制小便则需要较长的过程。不要让宝宝憋尿，憋尿不仅对宝宝身体有害，更会影响宝宝的心理发育。小便是受中枢神经系统控制的条件反射，宝宝憋尿会表现为坐立不安、精神紧张，容易造成注意力分散、思维活动紊乱，影响宝宝的正常活动。

憋尿后，尿在膀胱内停留时间过长，尿中的有毒物质会被肾小管重新吸收，加重肾脏的负担。经常憋尿，会造成小便次数减少，利于细菌生长繁殖，易引起括肌系统感染。总之，千万不要让宝宝养成憋尿的习惯。

忌让宝宝吸二手烟

（1）影响智力发育。可替宁是一种在尼古丁分解时的产物，宝宝血液中的可替宁含量一旦增加，他们的阅读、数学和推理能力就会下降。烟雾中的有害物质刺激大脑还会使脑血管硬化，导致大脑功能受到影响。

（2）影响听力发育。烟雾中的一氧化碳进入体内后，导致全身器官供氧不足，使全身组织器官的生理功能下降，耳蜗感应器则表现为日渐加重的耳鸣或听力下降。

（3）增加呼吸道感染的概率。父母吸烟，宝宝容易患支气管炎、细支气管炎或肺炎。吸烟还可以诱发宝宝哮喘，香烟燃烧时释放出来的化学物质，会加强呼吸道黏膜的敏感性，增大哮喘的发生率。

（4）诱发厌食。宝宝经常在烟雾缭绕的环境中进食，会造成宝宝对食物产生恶心不适的感觉，由此产生心理定式，形成条件反射，容易导致厌食症。

忌用热水给宝宝泡脚

人的脚有一个重要的组成部分——足弓，由26块大小、形状各异的骨头和韧带、关节连接而成，它的主要作用是缓冲行走和跳跃时对身体产生的震荡，保护足底的血管和神经免受压迫。而足弓是从幼儿期开始发育，一直到6岁左右发育成熟。

不要经常用过热的水给宝宝洗脚，更不能用热水长时间泡脚。由于宝宝的脚骨还没有完全钙化定型，脚踝部位脆弱娇嫩，如果常用热水给宝宝泡脚，足底韧带就会变得松弛，不利于足弓的形成和维持，容易形成扁平足。

宝宝本身就容易发热、爱上火，如果再用较热的水泡脚、发汗，会热上加热。宝宝对温度比成人敏感，热水很容易烫伤柔嫩的皮肤。每天用温水把小脚好好洗洗就行，洗完后，可以轻轻捏捏脚，达到舒活筋骨的目的。

第四章

亲子运动宜与忌

　　不要以为宝宝小不需要运动。适当的亲子运动，不仅能增进父母与宝宝的感情，还能在运动过程中，提升宝宝的体质、智慧、动手能力、反应力和创造力，使宝宝的身体、智力全面发展。亲子运动中，父母的陪伴、鼓励的眼神、积极的赞扬，都是激发宝宝内在潜能的动力。

成长运动

宜

 适宜宝宝的适龄运动

年龄	表现	适龄运动
1 ~ 3个月	2个月的宝宝，在俯卧时能抬头45°角，竖抱时，头稍能挺直。3个月时，头部挺直，视线可转动180°角，俯卧、仰卧时均能抬头	抬头
4 ~ 5个月	5个月的宝宝，仰卧时自己能将身体翻向一侧	翻身
5 ~ 7个月	5个月腰肌、颈肌发育，能靠背坐。7个月自由翻滚，独坐片刻	坐
9 ~ 10个月	9个月时能扶着栏杆站立，10个月可以独自站稳	站
11 ~ 15个月	11个月的宝宝，开始显示出走路的意愿，会借助辅助物开始学走	走

宜这样帮宝宝学抬头

宝宝有竖头反射，双手环抱宝宝，呈坐位，宝宝颈部屈伸肌肉能收缩，并且能维持头呈竖立姿势1 ~ 2秒，并随着月龄的增加竖头时间延长。妈妈可以利用宝宝的竖头反射练习宝宝的抬头能力锻炼宝宝颈部、背部肌肉，促进宝宝早抬头，也有助于视觉和空间感觉的发展。

（1）竖抱抬头：喂奶后，竖抱宝宝使头部靠在妈妈的肩上，轻拍几下背部，使其打个嗝以防吐奶，然后不要扶住头部，让头部自然立直片刻，每日4 ~ 5次，以促进颈部肌肉张力的发展。

（2）俯腹抬头：宝宝空腹时，将他放在妈妈的胸腹前，并使宝宝自然地俯卧在妈妈的腹部，把双手放在宝宝脊部按摩，逗引宝宝抬头。按摩本身不仅能使宝宝开心，而且也可促使宝宝自然而然的抬头。宝宝头部晃晃悠悠地抬起来，在晃悠中颈部肌肉得到锻炼。

（3）俯卧抬头：两次喂奶中间，妈妈可以让宝宝俯卧在稍有硬度的床上，要防止物品堵住鼻子影响呼吸，再帮助宝宝将两手臂朝前放，不要压在身下。妈妈可以抚摸宝宝背部，用玩具吸引等方法鼓励其抬头。

宜把握宝宝学翻身的讯号

翻身，是宝宝学习移动身体的第一步，代表着宝宝的骨骼、神经、肌肉发育得更加成熟。一般来说，3个月的宝宝就开始学习翻身了。但由于宝宝的个体差异，并不是所有的宝宝都适合在这一阶段学习翻身。如果揠苗助长，会对宝宝造成伤害。因此，在训练宝宝翻身前，妈妈应该细心观察宝宝的表现，看看他有没有发出想要翻身的讯号。

（1）当宝宝俯卧的时候，他能自觉并自如地抬起头，并且从头部到胸部都能抬离地面。宝宝的颈部和背部肌肉都已经很有力量了。如果妈妈把玩具慢慢举到比宝宝视线更高一点的位置，宝宝也能随之把头抬高。

（2）当宝宝仰卧的时候，脚老向上扬，或经常抬起脚来摇晃。妈妈如果握着宝宝的双手，让宝宝抬起上半身，宝宝不仅可以坐起来，还可以与地面保持垂直，而且头部也不会向后仰。

（3）宝宝喜欢朝一个方向侧躺。这时宝宝也许已经有了翻身的意识，只是还没有掌握翻身动作的基本要领。

宜这样让宝宝学翻身

翻身主要是训练宝宝脊柱和腰背部肌肉的力量，增强身体的灵活性，为今后逐步发展坐、爬、站、走等大动作做准备。那么，如何教宝宝学翻身呢？

（1）让宝宝仰卧在硬板床上，衣服不要穿太厚，把宝宝右腿放在左腿上，妈妈将一只手握住宝宝左手，另一只手轻托其右肩膀，轻轻在背后向左推，宝宝就会转向左侧，重复练习几次后，妈妈不必推动，只要把腿放好，用玩具逗引，宝宝就会自己翻过去了。

（2）当宝宝清醒时，平躺在床上，妈妈将吸引宝宝的玩具置于他的一侧，让宝宝的头轻轻往一边歪过去，如果他对玩具感兴趣的话，会伸出手去抓，这样的动作会带动宝宝身体慢慢地翻转过来。

（3）当宝宝能熟练地从仰卧位翻成侧卧位后，妈妈可以在宝宝从仰卧翻成侧卧抓玩具时，有意识地把玩具放得距离稍远一些，使宝宝有可能顺势翻成俯卧。

（4）宝宝刚学翻身时，一般练习的时间和次数不要太长太多，每日2～3次，每次2～3分钟即可。不要在宝宝刚吃完奶或身体不舒服时练习。

宜经常逗宝宝笑

越早会笑的宝宝越聪明，快乐的情绪能促进宝宝的大脑发育。宝宝一般在出生后第10～20天时学会笑。如果到1～2个月时还不会笑，需要请医生检查。宝宝的笑需要学习，从出生第1天起妈妈可以抚摸宝宝的身体，用柔和欢快的声音、表情和动作，去感染宝宝，逗宝宝笑。妈妈要经常与宝宝面对面地说话、逗宝宝笑。

宜用行走反射锻炼宝宝小腿

别以为新生宝宝身体很软，连头都抬不起来，不会行走。宝宝天生就有行走的反射能力，这种反射一般会在出生56天左右消失。早期，可以充分利用这种能力进行锻炼。

妈妈双手托在宝宝腋下，拇指扶好头，不要给宝宝穿鞋袜，光脚接触床的平面，宝宝就能反射性的迈步，妈妈可以一边逗宝宝，一边喊节奏。

行走训练在宝宝吃奶半小时后或睡醒后进行，每天3～4次，每次2～3分钟。如果宝宝不喜欢行走不要勉强。生病时不要做此训练；早产宝宝不宜做此项训练。

宜让宝宝手脚乱动

用手舞足蹈这个词来形容宝宝手脚乱动是再恰当不过的了。宝宝的肢体柔软，可以轻松地把脚举到头顶，或一时不停地踢、蹬，简直像上了发条的马达一样。有些妈妈会担心，宝宝这么乱动是不是有什么问题？有的妈妈甚至会故意用小被子把宝宝裹起来，不让宝宝乱动。

其实，这时候宝宝的脑、手、眼及神经系统没有发育完善，配合的还不协调。宝宝舒展小身体，伸伸小懒腰，用小手打拳，用小腿蹬踢，都是正常行为。让宝宝多运动，多活动四肢关节肌肉，有助于大脑智力发育。宝宝经常进行这种全身性的运动，不仅能提高身体的运动能力，还可以促进新陈代谢、有利于情绪愉悦。

妈妈宜这样帮宝宝学坐

宝宝5个月时可以为学坐开始打基础了，这时候的宝宝还无法完全控制自己的身体，只能依靠支撑物保持短暂的坐姿。妈妈帮宝宝学坐宜三步走：第一步，要把宝宝体重分配到支撑物上，如靠在妈妈怀里、靠在沙发上、围坐在棉被中等；第二步是短时间离开支撑物，让宝宝在身体的晃动中找到控制身体的平衡点；第三步可以将宝宝拉坐起来，呈两臂支撑身体坐着，让宝宝自己支撑一会儿直到身体前倾，再将宝宝扶起。只要宝宝没有表现出明显的不高兴，就可以多练几次。

妈妈也可以给宝宝进行坐的耐力训练。把宝宝扶正，确定宝宝坐稳后放开双手，在一旁随时保护。这时候宝宝缺少控制重心和协调身体的能力，保持坐姿片刻后就会向侧后方倒下。妈妈要及时将宝宝再次扶正，但注意在宝宝上身不停摇摆时，不能去扶宝宝，而是在一旁保护。因为每一次摇摆都有助于宝宝找到平衡点，慢慢学会控制身体。

宝宝适宜的学爬时间

几个月的宝宝可以学爬？从宝宝的身体发育来看，在宝宝到了8～9个月时，能够用手支撑胸腹，使身体离开地面的时候，就能够开始爬行了。在爬行的初期，几乎都是以同手同脚的移动方式进行，爬得很缓慢。在9个月大时，身体就可以逐渐离开地面，采用两手前后交替的方式，开始飞速爬行。学习爬行也是对神经系统功能的强化训练，对于宝宝大脑发育具有不可替代的特殊作用。妈妈一定要在适宜的时间，及时锻炼宝宝的爬行能力。

宜这样训练宝宝爬行

在教宝宝学爬时，爸爸妈妈可以一人拉着宝宝的双手，另一人推宝宝的双脚，拉左手的时候推右脚，拉右手的时候推左脚，让宝宝的四肢被动协调起来。这样教导一段时间，等宝宝的四肢协调得非常好以后，他就可以立起手和膝爬行了。

在爬行的练习中，让宝宝的腹部着地也可以训练他的触觉。因为触觉不好的宝宝会出现怕生、黏人的现象。一旦宝宝能将腹部离开床面靠手和膝来爬行时，就可以在他前方放一只滚动的皮球，让他朝着皮球慢慢地爬去，逐渐会爬得很快。

对于爬行困难的宝宝，可以让他从学趴开始训练，然后爸爸妈妈帮助宝宝学爬行。其实，刚学爬的宝宝都有匍匐前进、转圈或向后倒着爬的现象，这都是学爬的一个过程。

此外，要给宝宝学爬开辟出一块场地，可以在硬板床上，也可以在地毯上，或准备专门的爬行垫，任宝宝在上面自由地"摸爬滚打"。此外，爬对宝宝来说是一项费劲的运动，注意每次训练时间不要太长，根据宝宝的兴趣，花上5～10分钟就可以了，但每天都要坚持。

宜定期更换床头玩具

宝宝在周岁以内是视觉发育的重要时期，这个阶段眼球及视网膜都在快速发育。刚满月宝宝的视力较弱，可以在床头挂一些色彩艳丽（如红色、绿色）的玩具，或彩色的花环、气球等，有助于宝宝的视觉发育。但床头玩具应该定期更换，增加宝宝视觉色彩的丰富性，而且还要经常变换位置，以避免宝宝总是朝一个方向注视造成双侧视力发育不对称。妈妈可以在宝宝精力充沛的时候，悬挂一些醒目的玩具，逗引宝宝关注，几分钟后将玩具撤下，以免造成宝宝视觉疲劳。

宜把握好宝宝学步的时机

如果宝宝有以下几个行为出现，就说明宝宝已经开始有学走路的意愿，妈妈可以协助宝宝进行学步训练了。

◎宝宝开始有迈步的意识了，这时候宝宝一定会找支撑物帮忙，如茶几、床边、沙发、凳、小桌等。

◎宝宝能够离开支撑物独自站立，这时候妈妈应让他在支撑物的帮助下练习走步。

◎宝宝离开支撑物，可以独立地蹲下、站起来，并能保持身体平衡时，就到了宝宝学步的最佳时机。

宜了解宝宝学走路的姿势

宝宝在初学走路的时候，由于身体尚未发育完全，下肢运用不灵活，经常会出现不正确的走路姿势。这时候妈妈不要紧张，随着宝宝逐渐长大，大多会慢慢自行调整，恢复正常的走路姿势。

宝宝走路最容易偏内八字，还有些宝宝会出现脚丫外侧翘起的现象。这是由于宝宝还不会完全控制脚板的肌肉，所以会用脚板内侧发力，造成外侧有些翘起，对此妈妈无需过于担心。

在宝宝刚出生时，小腿多会向内弯。在开始学站或学走路时，宝宝O形腿的情形会更加明显，但随后便渐渐好转，会自行调整回来，在1岁半以前几乎都会恢复正常。如果宝宝的O形腿超过2岁仍未改善，就需要请医师诊断治疗。

宜打造安全的学步环境

刚开始学走路时，宝宝有着强烈的好奇心，喜欢到处探索新事物。尤其宝宝个头小，一不注意就溜到妈妈看不到的地方去了。因此，妈妈一定要格外留意，给宝宝打造一个安全的行走空间，否则宝宝很容易跌倒、撞伤或被刮蹭等。

妈妈整理家中环境时，可以从以下几个方面入手。

◎地面：保持地面干净整洁，将电线、杂物等收拾好。

◎家具：将家具棱角或硬边加装防撞条。

◎铺设防滑垫：如果地面是光滑的材质，需铺地垫或软垫，以防宝宝滑倒摔伤。

◎地面平整：如果地面不够平整，宝宝初学走路时重心不稳易跌倒。

◎避开易碎物：将易碎或贵重物品收起来，避免宝宝撞碎受伤。

宝宝学走路宜多鼓励

对于宝宝来说，学习走路是在掌握一项新的技能。尤其在学走路的初期，宝宝肯定会遭遇一些挫折，降低他对学走路的兴趣，打击学习走路的积极性。为了让宝宝能坚持练习往前走，妈妈应该在一边对宝宝多鼓励。当宝宝害怕不敢踏出脚步时，妈妈可以带着微笑用温和声音的对宝宝说"过来，妈妈在这儿"，这样宝宝就有动力继续走下去。当宝宝走到目的地时，妈妈可以拍手称赞，让宝宝更有信心和积极主动性。

宜训练宝宝的平衡能力

平衡感对于宝宝大脑发育及运动能力有着极其重要的作用。平衡感不好的宝宝容易出现平地跌跤、拿东西易掉、眼神飘忽不定、焦躁好动、出现攻击行为等现象。甚至由于脑功能不全影响语言能力发展及左脑的组织、逻辑能力，导致认知、掌握新技能缓慢。

平衡能力是一个综合性的能力，它的发展是其他感觉发展的基础。宝宝2～3岁这个阶段是培养平衡力的关键时期。妈妈可以通过陪同宝宝做益智游戏、玩玩具、做运动等来锻炼宝宝的平衡能力。

宜让宝宝多做健身操

健身操是一种比较适宜宝宝的运动，它的动作强度适中，能够运动到身体各个器官，对宝宝的骨骼、大脑发育都有良好的促进作用。健身操动作和缓，不会出现猛烈的撞击，不需要强大的爆发力。健身操中四肢拉伸的动作，会使宝宝的肌肉经过拉伸，逐渐变得强健结实。同时，宝宝的软骨组织被适度摩擦和挤压，能够增加生长激素分泌，促使骨骼良好生长。内脏各器官也因为多运动变得强健。

大脑的发育需要充分的血液和良好的代谢，运动能够使大脑血流量增强，有律动的健身操可以促进全身细胞的代谢。6岁前的宝宝可以多做做伸展操，因为它可以拉伸脊柱和四肢，有利于帮助宝宝长个儿。

宝宝健身操宜注意

宝宝做健身操时衣服要有一定弹性、舒适、轻便、透气性好，便于肢体的伸展。妈妈带着宝宝做健身操宜循序渐进，持之以恒。要根据宝宝的生长发育程度来做健身操，初期动作简单，慢慢随着宝宝身体接受程度，适当提高动作的难度和复杂性，运动量和时间也宜慢慢增加。因为宝宝的肌肉、骨骼柔嫩，没有什么耐力，不能操之过急。当宝宝面部微红，微微出汗，不气喘，就说明活动量比较适宜。

带宝宝进行健身操的锻炼，妈妈一定要有耐力坚持，宝宝熟练掌握动作，建立动作的条件反射要经过多次重复训练，不坚持锻炼，会影响健身操的效果，也不利于宝宝培养良好的行为习惯。

做操时妈妈要注意动作姿势的准确性，规范宝宝的动作，尽量做到准确、有力，真正起到锻炼身体的作用。有时宝宝对动作会加以创造性的修改，只要不是具有危险性的，这时候妈妈就应当鼓励，以增强宝宝做操的兴趣。

宜多带宝宝到户外散步

散步是一种很好的运动方式，妈妈要多带宝宝到户外散步。宝宝多散步，不仅能增加体能，锻炼耐力，还可以让肌肉变得有力，增强体质。因为走路可以帮助血液返回心脏，促进血液循环，使肌肉和呼吸器官变得更强壮。散步不仅能强健宝宝的身体，促进宝宝运动、智力发育，也有利于亲子感情的培养。走路多，有利于宝宝足弓的成型，足弓能够有效避免地面对脚掌的冲击力，降低走路的疲劳感，对日后的健康起到非常重要的作用。

在宝宝有了一定视觉、知觉能力的时候，妈妈带宝宝散步，要刻意增加宝宝和大自然的互动。看见植物，除了告诉他植物的名称、颜色外，还要尽可能让他用小手碰触感知一下。这样，看到的、摸到的、闻到的，各种知觉感应都会被激发，视觉、触觉、嗅觉会自主地在大脑进行有效的整合记忆。对外界环境完全陌生的宝宝，散步时会不断发现引起他好奇心的新鲜事物，激发他对未知事物的探索兴趣。

散步是全身运动，一边走一边玩，运动会使宝宝食欲大增。玩得开心，宝宝心情愉悦，加上适度的疲劳感，还可以有效提高宝宝的睡眠质量。

宜训练宝宝立定投掷能力

立定投掷能力训练，可以培养宝宝的注意力和初步空间感。宝宝在练习投掷时，不仅可以锻炼手的灵活性，同时也能提高宝宝手、眼、脑的协调能力。这个动作不仅要求宝宝的手臂力量，还要求投掷的准确性。

太小的宝宝手臂力量不足，1岁半以后，宝宝已经可以走得很好，并且有了基本的平衡能力，四肢的协调性也增强了。这时候宝宝就可以开始练习投掷的动作，这种运动方式需要宝宝对目标位置有一个基本感知，对抛掷方向、力量、速度、抛物线等有一个内在的运算过程，常玩这类游戏可以提高宝宝的计算能力。

投掷训练能够增强关节周围的肌肉力量，使关节软骨增厚，加大关节的稳固性。另外，投掷还可以使神经系统的调节功能得到改善，增加肩膀和腰背肌肉的力量；还可以改善肌肉的协调能力，单、双手交替进行，会均衡锻炼神经、肌肉的协调能力。妈妈可以适当训练宝宝立定投掷，以增强宝宝的体能。

宜让宝宝多走、多跑、多跳

走、跑、跳都是全身性的运动，是宝宝成长必不可少的重要环节。经常进行这些运动对宝宝成长发育有不可忽视的作用。

（1）可以增强宝宝四肢肌肉及腰腹肌肉的力量，促进身体的爆发力。

（2）刺激宝宝的前庭平衡感，促进感觉综合功能发展和平衡能力的提高。

（3）不仅可以促进神经、肌肉及骨骼的协调发展，更增强了大脑智力发育。

（4）跳跃对骨骼、肌肉、脏器及血液循环系统都是一种很好的锻炼，还能提高免疫系统的功能，增强宝宝对感染性疾病的抵抗力。

（5）使宝宝身体的平衡协调功能得到完善。

宜让宝宝学游泳

让宝宝学游泳，能有效促进宝宝大脑和神经系统的发育，促进宝宝各种知觉信息综合传递，增加宝宝适应环境变化的能力。游泳还可以增强宝宝的循环和呼吸功能，通过水对胸廓的压力，增加肺活量。宝宝在水中能够自由的舒展身体，这种全身运动，利于其骨骼、肌肉的灵活性和柔韧性。水包围着宝宝，荡漾的水波对宝宝的轻柔触碰，能使宝宝感到身心舒适、精神愉悦，有利于提高其睡眠质量。这种良好的情绪体验，加上适宜的肌肉活动，会大大促进宝宝的新陈代谢，促进机体对营养物质的吸收，有利于宝宝健康成长。

宝宝游泳宜做好准备工作

（1）注意饮食

宝宝游泳会消耗大量体能，不宜在宝宝饥饿的情况下游泳。吃饱后立刻游泳，会造成肠胃及内脏供血不足，甚至引起肠胃不适、呕吐。游泳应安排在宝宝进食后1小时左右。

（2）水温适宜

最适宜的水温是36.5℃，最低不得低于32℃，室温应控制在28℃左右。宝宝的抵抗力差，因此必须严格控制水温和室温。

（3）控制时间

宝宝每次游泳的时间不宜过长，开始学习阶段10分钟就应出水，以后根据情况可以适当延长时间。宝宝最适宜的游泳时间是10~15分钟，最长不要超过30分钟。

（4）做好防护

宝宝学游泳，不仅要事先准备好宝宝专用设备，如泳圈、颈圈等。游泳过程中，还要做好安全防护工作，并给予适时的爱抚与回应。妈妈要时刻关注宝宝的反应，如果发现宝宝体温低或有其他不适，要尽早带宝宝离开。

忌

忌让宝宝过早学坐

宝宝的骨骼很柔软，肌肉也软弱无力。宝宝出生6个月内，宝宝的脊柱和背部肌肉均缺乏支持的能力。一般宝宝在7个月左右时才能独自坐稳。有些妈妈过早让宝宝学坐，甚至用被子把宝宝围起来长时间久坐，这种做法是不对的。因为这样做易引起宝宝脊柱变形，容易发生驼背或脊柱侧弯、鸡胸脯等畸形。

根据宝宝生长发育的特点，3～4个月，爸爸妈妈可让宝宝练习翻身；5～6个月可以学坐，但不能坐得时间过长，每次5分钟，每日2～3次为宜。随着宝宝的不断长大，坐得时间和次数可逐渐延长。

忌让宝宝过早学站

站立需要宝宝骨骼和肌肉发育到一定程度，骨骼能够支撑身体的全部重量，才适合站立。如果过早地让宝宝学站，宝宝的脚跟用不上力，时间长了会习惯性地形成前脚掌着地的走路姿势，出现O形腿、X形腿等情况。而且宝宝处于生长发育时期，骨骼柔软而富有弹性，可塑性较强，肌肉也还没有什么力量。长期处于一种姿势，骨骼容易弯曲变形。

忌让宝宝过早学走路

因为宝宝体质不同，骨骼发育也不同，有些宝宝发育较慢。妈妈不要看到同龄宝宝学步，就担心自己的宝宝是不是身体有问题，甚至让宝宝过早学走路，或通过学步车学步。要知道这样的做法很危险，如果宝宝的骨骼还没有强壮到能支撑整个身体的重量，就会导致宝宝形成O形腿。

周岁之前是宝宝感觉调整的阶段，调整过程需要多久因人而异。所以，对于宝宝何时能学走路，妈妈应该耐心地等待，顺其自然。宝宝的模仿能力很强，可以多带宝宝和会走路的宝宝玩，激发他对走路的兴趣。

忌让宝宝经常使用学步车

学步车给妈妈带来很多方便，把宝宝放进学步车里，妈妈就可以放心做自己的事情了。宝宝无论怎么折腾，都不会摔倒，即使学步车偶有碰撞，也不会伤到宝宝，非常安全。但是，妈妈千万不要经常给宝宝使用学步车，长期使用学步车，会影响宝宝神经、骨骼、智力的发育。

学走路的宝宝处在身体快速成长阶段，这个时期的宝宝需要逐渐完善建立肢体平衡感。爬、站、行走这些大运动锻炼，可以加强宝宝身体各部位运动的协调性。学步车的省力，使宝宝减少了大运动锻炼的机会。学走路是费时耗力的，学步车毫不费力地带着宝宝行走，直接降低了宝宝练习走路的兴趣。

而且，长期将宝宝固定在学步车里，会使宝宝的骨骼发育出现异常。宝宝骨骼柔软，钙质少，学步车的速度较快，宝宝需要两腿蹬地用力向前走，容易形成罗圈腿。如果个子小的宝宝，过早使用学步车，脚不能完全着地，只能用脚尖触地滑行，就会形成踮脚尖走路的姿势，长大后容易平地摔跤。

在宝宝成长发育阶段，每一个大动作的学习掌握，都是完善智力的过程。学步车限制了宝宝自由活动的空间，剥夺了宝宝自主学习体验的机会，影响宝宝的智力发育。

这些宝宝不宜游泳

游泳对于宝宝益处很多，但不是所有的宝宝都适合游泳。妈妈要注意，下列情况的宝宝不适宜游泳。

（1）有新生儿并发症，或需要特殊治疗的宝宝。

（2）小于32周的早产宝宝，或出生体重小于2000克的新生宝宝。

（3）宝宝如果皮肤破损，避免感染外界细菌不宜游泳。

（4）如果宝宝处于生病期间，此时身体虚弱，不宜游泳。

（5）遇到打防疫针的时候，要24小时后才能给宝宝洗澡或游泳。

（6）有湿疹的宝宝，避免病情加重不宜游泳。

宝宝忌在成人泳池游泳

成人泳池的水温通常只能达到26℃，这个温度对于宝宝来说太凉了。另外，成人泳池通常是靠氯来消毒的，池水在消毒过程中会添加过多的漂白粉。宝宝皮肤的抵抗力较弱，对泳池的水质要求比较高。成人泳池的水会对宝宝鼻腔、口腔、外生殖器等部位的皮肤、黏膜造成破坏，导致宝宝形成过敏体质，严重者可导致哮喘和心脏病。

成人泳池的水是6小时循环一次，而专门的婴儿游泳池1小时就需要循环一次。只有这样，才能保证婴儿泳池中水的清洁。如果水中含有各种杂质和细菌，易导致宝宝外耳发炎。所以，妈妈不要带3岁以内的宝宝去成人泳池游泳。

忌让宝宝运动过量

宝宝做运动可以刺激生长激素分泌，促进体能和智力发育，有利身体健康成长。但妈妈要把握宝宝运动的强度，如果运动不当，强度过大或时间过长反而会适得其反。过于强烈的运动，不仅会造成身体上的伤害，还会抑制宝宝的骨骼生长。

运动过量的时候，为防止能量进一步消耗，就会产生疲劳感，浑身无力，大脑反应减慢，如果长时间运动过量，会使大脑功能受损。总之，宝宝运动适量就好。

忌让宝宝翻跟头

宝宝处于生长发育阶段，身体的各个器官尚未发育成熟，身体素质发展不够全面均衡。不适合进行力量型、强度大、具有危险性的运动。翻跟头看似简单，其实对身体素质综合要求较高，不仅需要有足够的臂力，还需要强有力的腹肌、柔韧灵活的韧带、较强的平衡协调能力。宝宝的颈部肌肉薄弱，四肢肌力不足，一旦失去平衡，便会造成宝宝头部触地，引起颈部扭伤或颈椎半脱位，导致受伤。

忌让宝宝倒立

倒立时颅内压会升高，使视网膜动脉压力升高，超过眼压的调节能力，就会产生一系列不良后果，容易造成一定程度的视力范围缺损，严重者可发生眼底出血的情况。即使宝宝长大了一些，已经具备一定的眼压调节能力，如果经常倒立或每次倒立时间过长，也会使眼睛受到损伤。所以，妈妈尽量不要让宝宝倒立。

忌让宝宝负重锻炼

宝宝最初的身体发育以骨骼生长为主，肌肉力量弱，极易疲劳。如果这个时候让宝宝进行肌肉负重的力量锻炼，会造成局部肌肉过分强壮，影响身体各部分均匀发育。或肌肉过早受刺激变发达，给心脏等器官造成一定的负担。还有可能使局部肌肉僵硬，失去正常弹性。

忌过早让宝宝长跑

长跑对人体各关节的冲击力度很高。宝宝过早进行长跑锻炼，对关节处的骨骺发育不利，从而影响身高。长跑也是心脏负荷运动，过早进行长跑，会使心肌壁厚度增加，影响心肺功能发育。所以，宝宝不宜进行长跑运动。

忌让宝宝玩小区健身器材

现在小区有很多公共健身器材，有些妈妈会让宝宝玩。要知道，这些健身器材是针对成人身体状况设计的，处于身体发育期的宝宝，最好不要使用这些器材。宝宝使用健身器材，很容易因为使用不当引发身体受伤，严重者甚至会导致重伤。

妈妈应针对宝宝身体发育特点，让宝宝进行跳绳、弹跳、拍皮球、踢足球、游泳等适宜的体育运动，这些项目既有助于增加宝宝的身高，又不会伤害宝宝的身体健康。

精细运动

宜

宜锻炼宝宝的精细动作

精细动作一般是指手和手指的动作，比如说手的拿、握、抓，手指的对捏、折叠等。如果精细运动技能掌握得好，可以帮助宝宝早期脑结构和功能成熟，进而促进认知系统发展。俗话说"心灵手巧"，也就是说，手的运动会促进婴幼儿言语能力和认知能力的发展。

宝宝在用手指碰触、感知的时候，也是一个探索认知体验的过程。大小、颜色、形状、软硬、不同材质的对比，都会由知觉、触觉系统传递到大脑进行存储、记忆，促进思维的发展，从而增强大脑的发育。只有多锻炼宝宝的精细动作，促使手眼协调发展，才能给其他各项能力发展打下坚实的基础。

训练宝宝精细动作宜注意

（1）对于宝宝来说，任何一个小的肢体动作从陌生到熟练掌握，都是一个单调、枯燥、需要不断重复强化的过程。妈妈一定要鼓励宝宝坚持下去，每次训练要看宝宝的配合度，如果宝宝兴趣浓厚，可以时间长一点。如果宝宝兴致不高，就可以换个时间。

（2）妈妈需要发挥想象力，帮宝宝把单调无趣的技能训练，变成有意思的游戏，激发宝宝的热情，提高宝宝的积极性和参与度。

（3）妈妈可以充分利用辅助物品帮助训练，用不同色彩、形状的物品吸引宝宝。

（4）宝宝在情绪好的时候，接受和记忆能力更强。妈妈宜在宝宝有兴趣、开心的时候教他学习精细动作。

（5）妈妈一定要多表扬宝宝，对于宝宝任何小的进步，都要毫不吝啬地夸赞。妈妈的表扬是宝宝最好的动力，宝宝每次进步一点点，时间长了，累计起来就是质的飞跃。

妈妈宜和宝宝多握手

宝宝最初并不知道小手是什么，可以干什么。妈妈要引导宝宝认识自己的小手，多和宝宝做手的运动。宝宝刚出生时就有抓握反射能力，用手指碰触宝宝的小手，宝宝就会蜷起自己的小手指去握住你的手指，这时候的动作只是出于本能的肢体反应。

随着宝宝长大，要把无意识转变成有意识，妈妈就要引导宝宝认识手，帮助宝宝了解手的功能。这时候最简单适宜的动作就是"握手"，妈妈可以经常把自己的手指放到宝宝的手心里，让他感受到手指之间的互动，产生抓握的意识，两只手要轮流做。

宜让宝宝多锻炼手指

每个妈妈都希望宝宝聪明，那么怎么提高宝宝的智力呢？育儿专家指出，妈妈可以通过锻炼宝宝的手指，提高宝宝手指的精细动作能力，这样宝宝会更加聪明。

锻炼宝宝的手指，可以借助游戏和玩具。宝宝运动的复杂程度和精细程度能反映宝宝智力水平的高低。游戏可以从简单开始，慢慢变得复杂，让宝宝在不知不觉中进行了学习和锻炼，手指也变得越来越灵活。

宜训练宝宝的抓握能力

宝宝刚出生时，很多都会有握拳现象。尤其在睡觉的时候，宝宝的手会呈现轻度的握拳状态，这是新生宝宝特有的行为反射——抓握反射。妈妈可以利用这一行为特点，针对性的训练宝宝的抓握能力，促进宝宝手部肌肉、关节的发育，丰富手指触觉刺激，提高手的抓握能力。

妈妈让宝宝平躺在床上，轻轻抚摸宝宝的手，宝宝会握住妈妈的手不放。这时妈妈让宝宝可以握住自己的食指，约30秒后把手指拿开，换宝宝的另外一只小手，重复4～5次。妈妈还可以给宝宝的双手进行按摩，按摩从宝宝的手心开始，然后手背及各个手指。不管按摩还是训练抓握，妈妈都要和宝宝进行愉快的交流。

宜让宝宝接触不同物品

妈妈应经常带宝宝做些手指运动的游戏，促进精细动作的达成。一般在3个月内，妈妈宜多带宝宝做些触摸、抓、握的游戏，尽量让宝宝接触各种不同颜色、质地、形状的东西，比如摇铃、塑料球、毛绒玩具、小毛巾、不锈钢碗之类的东西，促进他形成敏锐的触觉，也会刺激大脑记忆区的发育。添加辅食之后，还可以增加一些食物品种的触感体验，丰富他的视觉、知觉、味觉、触觉等多方面的综合体验。

宜帮助宝宝发现小手

新生宝宝虽然有抓握反射，但还是不认识自己的小手，也不能主动运用。为了促使宝宝早日发现自己的小手，妈妈可以帮助宝宝找到自己的小手。比如在手腕系上小铃铛或彩色的丝巾，还可以用剪掉手指的小手套，套在宝宝的手掌上，让宝宝的手指露出来。

这样有声响和色彩的吸引，会引导宝宝把注意力放在手上。妈妈也可以把宝宝的小手举起来告诉他。一旦宝宝发现小手是自己可以控制的，他就会开始尝试使用。

宜训练宝宝主动够物

在宝宝开始尝试运用他的小手之后，妈妈就要及时训练他的够物运动。可以先在床上距离较近的地方放一些易于抓握的玩具，如拨浪鼓、摇铃等。妈妈还可以手持摇铃在宝宝跟前发出声响，引导宝宝看、抓。然后可以进一步训练宝宝抓有一定距离，或不易抓取的半固定的玩具。

对于宝宝来说，主动用手够物是综合性强、复杂的动作，需要手、眼、臂、大脑的配合才能完成。为帮助宝宝完成这个动作，妈妈事前就要帮助宝宝建立被动抓握的能力。

宜训练宝宝对捏能力

当宝宝能开始用手划拉东西，把饭桌弄得一片狼藉的时候，妈妈就要考虑可以开始训练宝宝手指的对捏能力了。训练宝宝的对捏动作，要注意物品要由大到小，可以从小馒头、小饼干、手指饼，到胡萝卜丁、饭粒。

如果宝宝不能自主地去捏东西，妈妈可以辅助宝宝。把物品放在宝宝的虎口处，促使他用拇指和其他手指进行配合。妈妈也可以在宝宝面前示范捏的动作，引导宝宝学习。吃饭的时候，妈妈可以有意准备些小块的食物，让宝宝捏着吃。

宜让宝宝多撕纸

为了开发智力，很多妈妈会用卡片或书教宝宝认物品。但往往会出现令妈妈头疼的事情，物品还没认清，宝宝的小手倒对卡片产生了兴趣，书就一页页分家了，卡片上也都是一道道的撕痕。这是宝宝的手指灵敏度发育到一定阶段，他就会不断的寻找机会尝试增加手指的功能。为了满足宝宝手指能力进一步发展的需求，妈妈可以专门为宝宝准备些纸，甚至可以陪宝宝一起撕纸。

撕纸的过程能够给宝宝带来乐趣，撕纸会有声音，纸由大变小产生的形状变化也能极大地激发宝宝的兴趣。妈妈陪宝宝一起撕纸，可以引导宝宝从撕直线，到撕曲线；由一撕两半，到撕出形状。这样小手就会变得越来越灵巧，而且宝宝的动手能力、观察力、想象力、思维力也得到了充分的提升。

宝宝撕纸妈妈宜注意

（1）妈妈可以提供些不同材质的纸张，如作业纸、手纸、画报纸等。宝宝可以体验对比不同质地纸张的手感、薄厚、韧性等。引导宝宝听撕纸时发出的声音，会给宝宝带来有趣的体验。

（2）妈妈可以把撕纸变成有乐趣的游戏。用节奏或口令陪宝宝一起玩。最初可以让宝宝把纸撕碎，然后可以教宝宝辨认碎纸的形状，进一步可以诱导宝宝撕出图形。

（3）妈妈准备纸的时候要注意安全，有些纸边角比较锋利，会划破皮肤。宝宝太小的时候，宜用安全性高、较为柔软的纸张。

（4）有些报纸和杂志，上面的油墨很容易脱落。油墨中含铅，误食会影响宝宝的健康，在撕纸后，妈妈一定要监督宝宝把手洗干净。

（5）妈妈要注意宝宝培养良好的习惯。每次玩撕纸游戏后，一定要宝宝陪妈妈一起打扫，把碎纸清理干净。

宜让宝宝玩穿孔玩具

锻炼宝宝手指的精细动作，妈妈也可以为宝宝选择穿孔玩具。穿孔玩具不仅可以促进宝宝的精细动作发育，还可以锻炼宝宝的手眼协调能力。穿孔玩具需要根据宝宝的月龄来选择。小宝宝适合色彩鲜艳，样式简单，体积较大的玩具。大一点的宝宝，可以选择一些体积较小，样式比较复杂的玩具。妈妈还可以和大一点的宝宝在家里DIY玩具，如把废旧不用的物品做成穿孔玩具。

宜多让宝宝做手工

做手工不仅需要宝宝具有一定的手指灵活度，还需要具有一定的逻辑思维能力、想象力和创造力。妈妈陪宝宝一起做手工，在过程中给予指导和帮助，宝宝不仅会乐于参与，还有利于他充分调动空间想象力，激发创造力。做手工的过程还可以很好地发散宝宝的思维，让宝宝的逻辑思维能力不断地提高。做手工是一件有过程的事情，从最初材料的准备，到设计创意，再到制作完成，各个阶段都会让宝宝学习到不少东西。

宜让宝宝多玩沙

宝宝喜欢玩沙子，妈妈却不希望宝宝玩的灰头土脸。如果从宝宝健康成长的角度来看，妈妈应该鼓励宝宝多玩沙。玩沙是和大自然亲近的过程，在玩沙过程中，宝宝和沙子的互动，能锻炼手的大、小肌肉，提高身体素质。在玩沙的过程中自由无拘束，宝宝充分体会自我控制的乐趣，心情愉悦，心理会有极大的满足感。对于比较内向的宝宝，或缺乏自信心的宝宝，更适宜多玩沙。

宝宝玩沙时宜注意

（1）玩沙的时候如果妈妈不参与，就要在旁边看护，避免出现意外，不要让宝宝把沙子撒在自己或他人的脸上和眼里。

（2）不到18个月的宝宝不适合玩沙，否则宝宝太小容易误食沙子。

（3）注意给宝宝补充水分。宝宝玩耍会消耗体能，又不喜欢主动喝水，妈妈需要记得及时给宝宝补充水分。

（4）玩沙前要告诉宝宝注意安全，不要往脸上扬沙子，不要用玩沙的手揉眼睛，玩沙时不可以吃零食，避免发生危险。

宜让宝宝多翻书

翻书的动作对于宝宝来说具有一定的难度，需要宝宝先熟练掌握"对捏"这个动作，两个手指能够把书页捏起。书页较薄，宝宝一开始无法做到准确的捏一页，就会用小手一片瞎划拉，一翻就是好几页，有的时候还会不耐烦。这时候妈妈不要着急，更不要指责宝宝，要给宝宝足够的时间学会控制利用手指的肌肉。

翻书前，可以先让宝宝多练习撕纸，掌握好手指捏一页纸的动作。然后可以用双面有图的卡片，让宝宝练习翻卡片，卡片两面不同的图案也容易引起宝宝翻玩的兴趣。最后，妈妈可以带着宝宝看图画书，给宝宝讲故事。时间长了，宝宝会记住每页的内容，会尝试翻到喜欢的那页让妈妈讲。通过大量重复的练习，宝宝的双手就会越来越听话。

宜让宝宝扣纽扣

妈妈会发现宝宝很早就会解扣子，而扣纽扣却显得很困难。要么是扣子不能进入扣眼，要么是上下位置扣错。对于宝宝的手指精细动作来说，扣纽扣的难度更进了一步。扣纽扣不仅需要宝宝手指灵活，手眼能够协调，还要有对位置、距离的空间判断能力，通过食指、拇指以及手腕的配合才能顺利正确的让纽扣通过扣眼。扣纽扣具有一定难度，多让宝宝练习，也有助于宝宝耐心的培养。

宜与宝宝玩手指游戏

手指游戏可以由简单到复杂，游戏的过程有助于训练、提高宝宝注意力的集中。每一种游戏开始的时候，宝宝小手都会表现得很笨拙，动作要么不到位，要么做不出。这时候宝宝的注意力就会集中在游戏上，直到他熟练掌握为止。手指游戏还是提升记忆力的有效途径，左右手同时运动，左右脑都会被刺激得到开发，从而使记忆力得到提高。妈妈陪着宝宝玩手指游戏不仅能锻炼宝宝的精细动作能力，提高大脑反应能力及增强肌肉活动力度，更可以促进母子之间的亲密联系。

帮宝宝选择适宜的积木

积木是一种经久不衰的益智玩具，它的种类很多，有不同材质、颜色、形状、主题。妈妈给宝宝选择积木，需考虑宝宝的生长发育程度。月龄较小的宝宝，积木要适合锻炼手的抓握或被宝宝啃食，这时候，宜选择纯天然、没有被任何化学物质处理过的木制积木。

到了宝宝大一点，可以选择色彩鲜艳、有图案、主题的积木。这时候积木是宝宝锻炼手指灵活度、认知色彩、形状的好玩具。随着宝宝的不断成长，可以选择不同材质、更为复杂的积木，以开发宝宝的想象力和创造力。

宜让宝宝搭积木

宝宝搭积木，是一种主动思维的过程，自己想象并且实践完成。宝宝搭出各种形状的物体，不仅需要大脑反应迅速，还需要手指的灵敏度和准确度。在搭积木的过程中，宝宝提升了眼、手、脑等器官协调并用的功能。搭积木给了宝宝一个自我发挥的空间，宝宝开始学着解决克服困难。积木组合的灵活多变，容易激发宝宝动手的兴趣，每个作品的完成都会提升宝宝的自信心，体验到成功的快乐。

宜让宝宝学画画

画画不仅可以发挥宝宝的想象力，还可以锻炼宝宝手指的灵活性和协调性。画画可以培养宝宝如何观察事物、熟悉事物特征的能力，还可以开发大脑右半球的功能，有利于智力发育。所以，让宝宝多画画，不仅对开发智力有好处，还可以培养和提升宝宝的美感。宝宝的视角和想象力是非常独特的，画画可以把这种想象力得到扩展、深化、升华。

同时，画画还可以有效排解不良情绪。自由画是一种心理自我保护的重要手段之一，有利于保持心理健康。但如果宝宝对画画没有兴趣，妈妈也不要勉强，否则会适得其反。

宜让宝宝捏橡皮泥

橡皮泥是另外一种经久不衰、令宝宝无比热爱的玩具，妈妈宜多陪宝宝玩橡皮泥。橡皮泥色彩鲜艳，柔软易造型，对于宝宝来说充满吸引力。而且橡皮泥对于发挥宝宝的想象力和创造力非常有益。

玩橡皮泥的时候，妈妈宜从简单到复杂，造型从抽象到具象。最初的时候，宝宝的手指并不灵活熟练，可以只捏形状，如饼状、棍状、三角之类，慢慢地让宝宝观察，捏一些较为形象的东西，比如黄色的胡萝卜。通过对橡皮泥的不断发挥创造，宝宝的立体空间认知也会得到一定的提升。

妈妈在给宝宝购买橡皮泥时，一定要注意安全，看清产品的成分。玩的过程中注意不要让宝宝误食。

宝宝宜玩拨浪鼓

拨浪鼓是我国流传久远的玩具，这样一件古老的小玩具，却是测验宝宝智力发育的好工具。

小宝宝要通过看、听、触、摸来感觉、认识、学习这个世界，正是这个小小的拨浪鼓，可以使宝宝的视力、听觉、触觉等感觉器官得到锻炼。

拨浪鼓的周边常涂上红色，两根细的绳子上拴着两个小鼓锤，用手一摇，发出"拨浪、拨浪"的响声，所以叫它拨浪鼓。

宝宝对红颜色敏感，拨浪鼓在他眼前摇动，他不仅可以看到红颜色，且可以听到声音，他会随着拨浪鼓的摆动，转动头颈和眼睛，还会伸出小手去抓、去摸这个可爱的玩具。

如果我们将拨浪鼓举在宝宝头上方20厘米处摇动，他的眼睛没有随着拨浪鼓的摆动而左右移动，说明宝宝的视力可能有问题。如果我们将拨浪鼓放在宝宝的耳后摇动，而宝宝没有听到声音后的反应，如睁大眼睛、转动头颈、寻找声音，甚至用手去抓等，说明宝宝的听力可能有问题。反之，说明宝宝的听觉、视觉都很正常。为此，我们说拨浪鼓可以测验宝宝的听力和视力，是测查宝宝智力发育的工具。

精细动作和大动作宜配合

精细动作和大动作属于宝宝动作技能的重要组成部分。大动作和精细动作的发育是紧密配合的，很多活动需要两者协调使用，比如宝宝站立取物，站立是大动作，用手指拿东西就是精细动作。

妈妈要帮助宝宝提高大动作和精细动作的协调配合能力。宝宝在运动的时候，妈妈要观察宝宝哪个动作不易达成。如果一个动作多次尝试失败，会使宝宝产生挫折感，这时候妈妈需要动脑筋，将动作分解，让宝宝练习较容易完成的动作。

忌忽视宝宝的精细动作

很多妈妈都比较关注宝宝坐、爬、走等大动作的学习，往往忽视了精细动作的训练。其实，宝宝练习抓、握、捏、撕等精细动作时，更能增进大脑的智力发育，精细动作和宝宝的认知、语言的发展有着密切的关系。手部精细动作的全面发展，可以使宝宝认知外界事物各种属性及彼此间的联系，从而促进思维的发展。如果宝宝精细动作发展滞后，那么他的视觉能力、注意力也会受到影响。所以，妈妈一定要重视宝宝发展的敏感期，在日常生活中对宝宝进行精细动作训练。

忌让宝宝玩危险的小物品

宝宝小的时候，妈妈要把一些小物品收好，如药丸、扣子、小零件、小玩具等。宝宝的好奇心较强，看到不熟悉的东西经常会用嘴巴探索尝试，造成误吞、误食。除了应经常提醒宝宝不要随意乱吃，还要尽量避免宝宝接触小物品，以免发生危险。

如果宝宝误食了金属异物，妈妈要立即带他去医院。因为胃酸会和金属产生化学反应，溶解释放有害物质，危及宝宝的生命安全。

忌忽视宝宝摔玩具

很多宝宝都有过摔玩具的行为，阻止也没什么效果。如果遇到这种情况，妈妈要分析是什么原因造成宝宝的这种行为，对症下药。有的时候是妈妈反对他、制止他，他生气了用摔玩具来宣泄一下气愤的情绪。有的时候是玩具落地的声音吸引了他，想要研究一下"扔"的动作与声音之间的关系，还可能尝试去摔不同玩具，探索不同声音。遇到这种情况妈妈就不要阻止，他研究明白了，就会停止。

还有一种情况就是宝宝不喜欢一个人玩，所以用摔玩具去引起妈妈的注意。针对不同原因，妈妈可以采取不同措施应对。遇到这种情况，妈妈可以给宝宝准备皮球，或一些不同弹性又耐摔的玩具，随着大脑思维的发展完善，宝宝摔玩具的行为会很快结束。

忌忽视宝宝画画敏感期

在宝宝成长发育的过程中，总有些让妈妈头疼的行为。吃手时，满身满脸的口水；撕纸时，漫天飞舞的纸片；然后就是涂鸦期，到处都是难以清洁的莫名成分的笔划。这些其实都是宝宝在不同敏感期，以一种特别的方式告诉妈妈，他长大了，需要学习新的本领了。

乱涂乱画是宝宝的绘画敏感期，在智力发育中，观察力、想象力都是非常可贵的。一个观察力敏锐、想象力丰富的宝宝，拥有的是不可限量的创造力，而绘画是宝宝发展这两种能力的最佳途径。妈妈如果遇到宝宝的胡乱涂画行为，千万不要忽视，宜引导宝宝进行简单的绘画训练。

宝宝学画画的禁忌

（1）忌在宝宝学画画的过程中，妈妈一直评论：宝宝画画需要集中精神，妈妈说话很容易分散掉宝宝的注意力。

（2）忌过分强调画画的真实性，要求宝宝改正：宝宝画画的目的之一就是激发想象力，妈妈要保护宝宝活跃的思维。

（3）忌强调笔和纸的价格，不要浪费：过多地强调会让宝宝不敢下笔，也会丧失对画画的兴趣。

（4）忌过分强调卫生清洁：可以给宝宝准备专用的画画的衣服。

（5）忌吝啬赞美：宝宝每一幅作品都是他认真劳作的成果，而妈妈的赞美表扬，可以激发宝宝的热情和积极性。

（6）忌与其他宝宝做比较：每个宝宝的想象力和创造力都是独一无二的，对比并不能刺激宝宝的上进心，反而经常打击会导致宝宝厌学。

（7）忌忽视宝宝的作品：如果妈妈不把宝宝的作品当回事，随便丢弃宝宝的画，或以敷衍的态度对待宝宝作品，宝宝会很失望，影响对画画的兴趣。

亲子互动

妈妈宜重视亲子互动

妈妈和幼儿时期的宝宝多进行亲子互动，对宝宝的智力和心理发展起着重要作用。当宝宝面对一无所知的世界时，妈妈的关注和爱抚会增进宝宝的安全感。妈妈多和宝宝做亲子互动，有利于全面开发宝宝的运动、语言、情感、创造、社会交往等多种能力。

幼儿时期也是宝宝健康心理形成的重要时期。如果从小缺乏妈妈的爱抚互动和情感交流，往往会让宝宝出现情绪、行为上的异常。比如有的孩子木讷，反应迟钝，没有耐力，遇到困难容易退缩；或感情淡漠，不能和人顺利沟通交流；有的则暴躁易怒，过分在意别人的关注等。所以，妈妈要重视多和宝宝进行亲子互动。

妈妈宜和宝宝多做游戏

游戏会让宝宝的智能、体能迅速成长，在有人陪伴的时候，宝宝会玩得更开心。所以，妈妈要多陪宝宝做游戏。妈妈需要根据宝宝的成长规律，带宝宝玩适合的玩具、游戏，比如积木，宝宝最初只会用它来抓握、啃食。随着宝宝手指灵活度增加，妈妈就可以用积木进行组合造型，不断加强游戏的难度。

　　妈妈和宝宝玩游戏时，要注意宝宝的行为角色变化。当宝宝对游戏陌生的时候，会处于从属地位，只是会单纯模仿妈妈的动作。等到宝宝熟练掌握后，就会表现出想成为游戏的主导者，他会禁止妈妈做什么，或指导妈妈该怎么样做。这是宝宝独立性和支配欲发展的信号，需要妈妈多配合，增强他的独立能力和自信心。

宜锻炼宝宝的表达能力

　　幼儿期是宝宝语言发展的关键，具备良好的听说表达能力，对于宝宝日后人际交往有重大意义。妈妈的语言示范，直接影响宝宝的语言发展。妈妈在和宝宝互动的时候，要注意发音准确，用词规范，尽量不说方言、脏话，避免宝宝效仿。

　　提高表达能力需要妈妈多和宝宝互动交流。和宝宝对话时，妈妈要引导宝宝集中注意力，避免宝宝分神。如果宝宝有说话跑题、答非所问的时候，妈妈不要责怪宝宝。宝宝听到、理解直至做出反应，是需要一个过程的，多锻炼就好。

　　和宝宝一起阅读，是一种很好的语言互动形式。尤其在宝宝睡觉前，安静地躺在床上，容易形成记忆。读书时，妈妈不要怕宝宝听不懂，也不要怕宝宝多提问，要多读多重复，慢慢宝宝就会理解，还会积累很多词汇。

　　妈妈在带宝宝去公园、商场、书店等公共场合的时候，要注意引导宝宝观察。然后可以和宝宝一起探讨回忆所见所闻，不仅会锻炼宝宝的表达能力，也增强了宝宝的观察力。只要妈妈把握各种和宝宝互动时机，宝宝就可以拥有良好的表达能力。

爸爸宜与宝宝亲子互动

　　有很多亲子互动，爸爸和宝宝一起做，对宝宝的成长发育更有利。比如说运动类，多数妈妈都不是很喜欢运动，而爸爸的运动神经比较发达，宝宝更容易和爸爸运动的时候玩得尽兴。爸爸可以带着宝宝打球、跑步，体会运动的快乐。不过，爸爸要注意宝宝的接受能力，不要做超出宝宝体能范围的运动。

　　活动时妈妈容易操心各种问题，会顾及无数细节而无法和宝宝打成一片。爸爸则很容易就投入到游戏里，成为认真的参与者，更容易和宝宝玩在一起。妈妈如果看到宝宝不在视线范围内，就会不由自主的担心和焦虑。但随着宝宝的长大，需要适度的"冒险"。在探索未知事物的过程中，宝宝如果有点皮外伤，爸爸通常不会像妈妈一样大惊小怪中途折返，会鼓励宝宝坚持到底，有助于培养宝宝的抗压能力。即便遇到危险，爸爸更能够提供给宝宝可靠的安全保障。

妈妈宜和宝宝做亲子操

妈妈经常和宝宝做亲子操，不仅能促进宝宝身体的协调发展，而且是增进亲子关系的大好时机。但必须注意，因为宝宝的肌肤柔嫩，耐力较弱，心脏负荷小，所以带宝宝做操时，强度不宜太大，如看到宝宝有些微汗、面部微红、不气喘，说明活动量比较适合，超过这种表现则意味着活动量过大，对宝宝的身体有害无益。

（1）按摩运动。宝宝坐在妈妈的怀里，妈妈将两手搓热，分别轻轻按摩宝宝的额头、小脸蛋儿和腹部。

（2）跳跃运动。妈妈双手扶住宝宝腋下，让宝宝在地上轻轻跳跃，妈妈可以带宝宝边跳边转一圈。

（3）摇摆运动。妈妈双手扶住宝宝腋下将宝宝托起，左右摇一摇。

（4）飞翔运动。妈妈一手托着宝宝的胸部，一手环抱宝宝的腿，将宝宝举起做飞翔的动作。

宜多做益智类互动游戏

益智类互动游戏有很多种，有的是针对宝宝的精细动作，提高宝宝动手能力的；有的可以发展味觉、触觉、知觉，提高综合判断能力的；有的可以提高宝宝的语言表达水平，加强逻辑推理思维能力的；有的则是侧重想象力、创造力的培养。妈妈可以根据宝宝的个体发育情况，为宝宝选择有针对性的益智类互动游戏。

宜与宝宝多玩球类游戏

球类游戏可以促进宝宝大肌肉发育，增强四肢运动的灵活协调性，对于宝宝的体能发育有良好的促进作用。练习接球，可以培养宝宝的目测能力，增强宝宝的手臂力量，提高宝宝的身体协调性和手眼协调性发展；原地拍球，可以增进宝宝对运动方向改变预测的敏感度，训练宝宝手眼协调和快速反应能力；用脚踢球，可以增强宝宝的下肢运动肌力和控制能力。

球类游戏的动作，都是需要肢体协调配合才能完成的。如果宝宝开始掌握不好，妈妈要有耐心，可以把一个完整的动作过程分解成单一动作，由宝宝配合妈妈完成，多次练习后再鼓励宝宝独立完成。

忌剥夺宝宝游戏的自主权

宝宝对于玩具和游戏规则需要熟悉适应的过程。在刚开始玩游戏时，宝宝的参与度并不高，会看着妈妈玩，或自己做些简单的操作。这时候妈妈要注意诱导宝宝对游戏产生参与兴趣，激发宝宝的参与热情，多动手。等宝宝开始熟悉后，会有游戏自主权的要求。妈妈会发现宝宝变得不听话了，总按照自己的想法瞎玩。这时候妈妈不能责怪宝宝不按照游戏规则，也不要制止宝宝的瞎玩。

玩具、游戏对于宝宝来说，是丰富体验、感知事物的过程。宝宝是按照他的理解方式和行为方式去进行游戏的。在宝宝没有形成空间感的时候，积木对于他来说触摸形状、啃食、乱扔比搭建出造型更有趣。妈妈这个时候只需要让宝宝成为游戏的主导者，配合他就足够了。宝宝的瞎玩、乱玩、不合规矩，更能激发他的想象力和创造力。成为游戏的主导者，更有助于宝宝自信心的建立。

忌忽视和宝宝的亲子游戏

宝宝的认知记忆方式和成人不同，不适合长时间枯燥的学习，游戏是他们学习记忆客观事物的最佳途径。亲子游戏不仅能让宝宝体验到来自妈妈的爱，还能有效促进宝宝的心智发展。如果忽视亲子游戏，妈妈很难准确掌握宝宝的行为能力水平，不知道是否符合正常生长发育的标准，会造成宝宝智力及体能发育延迟甚至停滞。

在亲子游戏里可以向宝宝传递妈妈的生活经验，是宝宝学着认识社会、了解客观事物的有效途径。一起游戏，妈妈还可以有针对性地锻炼宝宝的观察力，引导激发宝宝的想象力，强化语言及动作能力。和妈妈一起游戏，会增加宝宝对幸福、快乐的感知，有助于宝宝形成乐观、开朗、积极向上的性格。

忽视亲子游戏，还会造成宝宝内心怀疑、自我封闭、自尊心受挫，认为妈妈不喜欢自己，自己不重要之类的悲观情绪。时间长了，会使宝宝的性格变得敏感、内向、多疑，不利于宝宝的心理健康。

忌忽视宝宝对玩具不感兴趣

　　玩具是宝宝亲密的朋友，它可以给予宝宝智能、体能上的开发和锻炼，还能促进宝宝产生快乐、愉悦的情绪。可以说，玩具在宝宝健康成长的过程中，起到了功不可没的作用。但玩具品种繁多，功用也各自不一。如果玩具功能过于简单或复杂，都不会引起宝宝的兴趣。比如说半岁内的宝宝对于积木更喜欢用嘴啃，只有到他的手指精细动作达到一定水平，才会有兴趣把积木搭成造型。

　　只有让宝宝接触适龄的玩具，才会有效促进大脑及身体发育。怎么为宝宝选择适龄的玩具，才能有助于宝宝的休智发育呢？首先，要了解宝宝月龄身体发育标准，该玩什么样的玩具，提供给他适合的玩具，也是培养宝宝专注力的关键。其次，一次性不要给宝宝太多玩具，选择过多，会分散他的注意力，也不利于他对动作的重复记忆的养成。最后，让宝宝以轻松、愉悦的心情去玩，玩得尽兴。在有充足适宜玩具、充分玩耍时间以及有舒适环境中长大的宝宝，智能、体能都会得到长足的发展。

亲子游戏禁忌有哪些

　　（1）忌打击宝宝玩游戏的积极性，降低信任感：如果妈妈不想陪宝宝进行亲子游戏，忌简单粗暴的拒绝孩子，或用言语打击，让宝宝失望。要用委婉或鼓励的方法，让宝宝自己去玩游戏。

　　（2）忌对宝宝说谎：妈妈如果答应宝宝的事情，就一定要做到，不要许下不能实现的承诺。虽然宝宝的注意力容易被分散，但对于妈妈的承诺，还是会记住。如果经常做不到承诺，宝宝会失去对妈妈的信任，时间长了还会使宝宝形成不良行为。

　　（3）忌随便敷衍的行为：亲子游戏时，妈妈参与时一定要专注，不能敷衍宝宝。要帮助宝宝深入理解游戏，玩得尽兴。宝宝有很强的感知能力，如果他接收到妈妈漫不经心的讯息，会降低对游戏的兴趣，也会产生失望、沮丧的情绪。

　　（4）忌让宝宝独自游戏：有的宝宝特别黏人，依赖性过强，不管什么事都会带着妈妈。这种情况下，妈妈为了培养宝宝的独立性，可以不参与游戏，但一定要陪在宝宝身边，或呆在宝宝能看到的地方。避免宝宝在游戏时因为看不到妈妈，产生不安、焦躁的情绪。妈妈千万不要偷偷走掉，会导致宝宝产生分离焦虑。

第五章

潜能开发宜与忌

　　拥有一个可爱、聪明的宝宝，是所有父母的心愿。因此，许多父母都特别关心宝宝的潜能开发。但如果不恰当地对宝宝进行潜能开发，反而容易伤害到宝宝，甚至易导致宝宝长大后形成不良的性格。也就是说，宝宝的潜能开发要讲究方式、方法。

语言开发

宜把握宝宝学习语言的关键期

宝宝在9个月到2岁是理解语言的关键期，2～4岁是表达语言的关键期。这个阶段学习语言效果最佳，而且获得的语言习惯最容易长期保持。妈妈要把握宝宝这两个时期，避免宝宝语言发育出现问题。

语言发育，听力是关键，俗话说"十聋九哑"，如果在语言发育的关键期没有听力的有效刺激，语言也不会得到发育。而且如果错过了语言发育期后，大脑皮层听觉区域由于没有发育就会存在缺陷，即便再进行听觉刺激，也不能恢复语言功能。所以，在语言关键期，给予宝宝听觉刺激是非常必要的。

妈妈宜多和宝宝说话

刚出生的宝宝虽然不会讲话，但已经可以感知声音了。宝宝对于妈妈的声音非常熟悉，宝宝在哭闹或烦躁时，妈妈的声音会让他变得安静下来。妈妈和宝宝多说话、多交流，对宝宝的语言发展和智力开发也具有重要意义。妈妈和宝宝说话的时候，最好面对面，让宝宝看到妈妈的面部表情，声音柔和，情绪平和。这种亲切温和辅以爱的话语，对宝宝的语言、智力发展会产生良好的刺激。

面对面的交流会增进宝宝和妈妈的情感联系，促使宝宝产生愉悦的情绪，而情绪好的时候宝宝的记忆力会增强。妈妈和宝宝多说话，随着宝宝不断长大，可以读儿歌、讲故事，让宝宝接触更多的语言。

宝宝宜进行视觉训练

2个月的宝宝已经可以进行视觉训练了，具体方法是动静结合。

静：即训练宝宝的注意力。妈妈可以抱着宝宝，陪宝宝一起看墙上的图画、桌上的鲜花、鲜艳的物品等。妈妈也可以和宝宝说话的时候，用眼睛注视可爱的宝宝，此时妈妈会惊奇地发现，宝宝也在注视妈妈呢，在宝宝的双眸里能看见妈妈的身影。

动：即训练宝宝的灵活性。妈妈可以抱着宝宝，陪宝宝一起看鱼缸里游动的鱼、窗外的景物等。妈妈和宝宝说话的时候，也可以适时地稍变化位置，使宝宝有意识地跟着转动眼睛。

听力训练宜用音乐盒

给宝宝做听力训练，除了妈妈多说话外，还可以给宝宝玩能发出声响的玩具，如摇铃、拨浪鼓等。音乐盒也很适合训练宝宝的听力，虽然很多人把它当作装饰品，事实上它不仅能提高宝宝的听觉能力，还能提高宝宝的视觉能力。

当音乐声响起，不管是会旋转的小人，还是飘落的雪花，都会吸引宝宝的注意力。如果妈妈拿走音乐盒，还能看到宝宝的视线会随之移动。对宝宝视觉刺激最好用三原色，可以在把音乐盒显著位置，涂成红、黄、蓝。音乐盒优美的旋律还会不自觉地带动宝宝的手脚随之舞动。

宜给宝宝良好的语言环境

宝宝学习语言是从听说话开始的，妈妈要给宝宝打造良好的语言环境，首先就要多说话，让宝宝得到有效的听觉刺激。对于宝宝来说，互动式的语言环境更容易提高宝宝的兴趣，易于宝宝学会说话。有一个简单的办法，就是随时随地向宝宝描述正在做的事情。比如说，要吃饭了，妈妈可以说"要吃饭了，拿筷子和碗，这是宝宝的碗，这是妈妈的碗"。尤其在和宝宝做游戏的时候，更要多用语言交流，反复强调特定的词语，玩具的颜色、形状之类，加深宝宝视觉、听觉的协调记忆能力。

和宝宝说话时，妈妈要注意语速慢一点，发音也要准确，一句话宜多次重复。宝宝的最初自发音都是在模仿成人的语音语调。在宝宝心情愉悦的时候，记忆效果会更好。妈妈要在宝宝心情好的时候，多和宝宝语言交流。

良好的语言环境还包括健康适宜的语言习惯。妈妈和宝宝语言交流的时候，有两个注意事项，一个是不要用儿语话的语言，另一个就是注意不要"粗口"。前者会造成宝宝记忆空间的浪费，后者则直接影响宝宝的语言不健康发展。

宜培养宝宝的口语能力

宝宝口语表达能力如何，会直接影响日后的社会交往能力。妈妈应重视对宝宝进行口语训练。对于宝宝的口语训练，最初妈妈重点应放在"复述"上，让宝宝模仿复述听到的语音、语调、内容，能说词语、简短句；其次是培养宝宝的对话能力，能听懂并且可以正确的回应；最后是宝宝能够清楚表达出自己的想法。

宝宝的幼儿期是口语发展的关键期。在这个时期，妈妈要加以正确的教育和引导，宝宝的口头语言表达能力就会有迅速的发展，词汇量也会大量增加。

培养口语能力宜注意

培养宝宝口语表达能力，要给宝宝一个轻松愉快的环境。要让宝宝想说、能说、会说，宝宝的口语表达初期都会磕磕绊绊，不管宝宝说得好坏，妈妈要积极鼓励宝宝多说，增加宝宝说话的信心和勇气。要多创造宝宝说话的机会，经常和宝宝进行沟通互动。

当宝宝有了一定的词语积累后，妈妈可以尝试和宝宝进行"主题聊天"。通过一个特定的主题，妈妈既可以让宝宝了解更多的知识，丰富宝宝的谈话内容，又可以培养宝宝的观察力、记忆力及口语表达能力。

当宝宝知道了解的越多，就越有兴趣和妈妈沟通交流，会乐于向妈妈描述自己看到的、听到的、想到的。这时候妈妈要帮助宝宝强化记忆过程，对于宝宝的话，让他从不同方面、不同角度进行描述。比如，宝宝说看到一片树叶，妈妈就要深入的去问颜色、形状、种类等。

宜念书提高宝宝的口语能力

童话、故事、传说、儿歌等文学作品的文字简练、语言生动有趣、角色形象鲜明。妈妈给宝宝念这些文学作品，通过生动的情节和形象的描述，能很好地帮助宝宝发展口语表达能力。

妈妈刚开始给宝宝念书的时候，要和宝宝一起看，对于书上的文字不必改动，还可以用手指指着念。慢慢就会发现，宝宝不仅记住了文字的发音，甚至连位置也记住了。这时候如果偶尔妈妈故意念错，或念串行，宝宝甚至会主动进行纠正。

在生活中多给宝宝朗读故事或儿歌，可以培养宝宝对文字、词汇和语言的感觉，并增加词汇量。在故事情节的帮助下，使宝宝自然而然地领会词汇的含义和用法，这是最好的学习方式。同时，要让宝宝接触各种风格的文字，尊重和保留原来的用词，能帮助宝宝接触到更多的词汇。

宜教宝宝念儿歌

儿歌词句简短，简单易懂，富有童趣，而且朗朗上口，富有韵律和节奏，因此儿歌是非常适合宝宝学习记忆的。如果妈妈面带表情，配合一些动作，宝宝就会非常有兴趣。给宝宝念儿歌，要选择适合宝宝特点、有情趣、音乐性强、篇幅短的儿歌，要经常重复念给宝宝听。妈妈要注意在给宝宝念儿歌时，要面对着宝宝，语速宜慢一点，注意发音准确。妈妈最好每天都给宝宝念儿歌，宝宝自己会念后，就要多鼓励他配合动作念，不仅可以促进口语能力，还能有效增进肢体的协调性。

妈妈宜带宝宝早期阅读

在宝宝4个月大时，妈妈就可以带宝宝进行早期阅读了。早期阅读的概念很宽泛，宝宝的识字卡、童书、画册、故事书等以图为主的儿童读物都属于早期阅读。

一开始妈妈可以带着宝宝看一些色彩造型鲜明、线条简洁明快、每页只有一两幅图案的画册。一边看，一边用清晰、规范的语言说出图案的名称，可以同时让宝宝的手指去触摸图案，不用在意宝宝是否听得懂，只要多次重复即可。图案的内容最好是宝宝经常接触到的，如香蕉、苹果、皮球等，这样容易获得更深刻的印象。而且，每天都应该固定时间带着宝宝一起阅读，养成阅读习惯。时间可以从最初的2～3分钟，逐渐延长到10分钟、20分钟。

妈妈要注意的是，早期阅读是一个循序渐进的过程。宝宝有一定的个体差异，有的宝宝进入某个阶段早些，有的晚些，因此妈妈最好因材施教。在阅读过程中，妈妈要以较亲密的身体接触以及微笑、谈话来向宝宝传递爱的信息。

宜教宝宝清楚、正确地发音

宝宝发音不清楚或错误，会在以后的人际关系交流与沟通中产生障碍。妈妈应该在宝宝学话的时候做出正确的榜样。妈妈的发音清楚、正确，是宝宝发音正确的前提。在宝宝开始学发音的时候，妈妈一定要耐心教导。某些比较难的发音，可以告诉他是怎样发出来的，并且让他观察发音时唇和舌是怎样动的，让他不断练习。练习准确发音的时候，可以利用绕口令增加趣味性。

在教宝宝正确发音的同时，还要随时注意矫正错误发音。矫正错误发音时要注意不能责怪宝宝，以免挫伤他学发音的自信心和积极性。还要注意不能重复错误的发音，否则强化错误会更难纠正。

宝宝发音不准宜矫正

宝宝的听觉及发音器官在发育过程中，分辨调节控制能力较弱。对于某些发音部位控制运用不好，一些复杂的语音就容易混淆，不能顺利掌握某些音标的发音。如果宝宝生理器官没有问题，那么宝宝发音不准就是生活环境导致的。所以，妈妈可以尝试下面方法进行改善。

语言影响：妈妈坚持用正确的语音来和宝宝说话，潜移默化地影响宝宝的发音。对于宝宝的错误发音，不取笑、不强调，宝宝正确的发音给予积极肯定和鼓励。

语言积累：多让宝宝听到正确的发音，可以利用外界影响，让宝宝积累大量的正确语音信息。

环境影响：多听儿歌、诗词、歌曲，多和小朋友交流沟通。

读音纠正：可以让宝宝练习绕口令，绕口令短小、有趣，易引起宝宝学习的兴趣。

宝宝说脏话宜正确对待

（1）冷处理法：又称消退法，指某一行为反复出现时，若这个行为得不到强化，这种行为的发生率就会降低。就是当宝宝说脏话时，妈妈假装没听见，置之不理。千万不能表现的异常关注，否则会强化宝宝对脏话的记忆。

（2）模仿疗法：又称为示范法，是指通过观察别人的行为，学习和获得良好行为，减少和消除不良行为的一种矫正方法。妈妈要注意在日常生活中，给宝宝树立良好行为的榜样，鼓励宝宝的正向模仿。

（3）认知行为疗法：这种做法是强调宝宝对自己行为产生认知，注重通过直接干预和重建等手段来改变这种认知，从而改变行为。

（4）环境隔离法：把宝宝和促使他产生说脏话的环境分开，避免受到不良环境的影响。

（5）适当惩罚法：如果宝宝到了五六岁，仍有这种不良行为，可以给他适当的惩罚，促使他反省改变自己的行为。

宜多看图让宝宝认物品

当宝宝视力有一定的发展以后，他会对彩色画片产生浓厚的兴趣，妈妈可以通过画片教他认识事物。开始时，给宝宝看一些简单的图画。这些图画应该色彩鲜艳，线条简洁，画中的物品要大而清晰。比如画的是一只猫、一条鱼、一个苹果，一张画片不要同时出现两个或两个以上的物品。

在看画片时，妈妈带宝宝认物品的名称，告诉他画片上主要的颜色，还可以根据画片的内容编儿歌、小故事讲给宝宝听。如果画片上是小动物，妈妈可以模仿一下动物的声音，"小猫喵喵喵""小狗汪汪汪""小鸭嘎嘎嘎"，增加宝宝认图的乐趣。也可讲解图片，"小猴爱吃桃，猴宝宝淘气，爱上树"等。不要担心宝宝听不懂，慢慢他就会明白的。

宜用识字卡片教宝宝

教宝宝认字宜选择使用识字卡片，宝宝初学时可以选择一面是字，一面是图形的卡片。因为宝宝的记忆特点是形象记忆，以记图为主，字也会当作图形来记忆。妈妈在使用识字卡片的时候，可以结合实际的物品，让宝宝从视觉、听觉、触觉全方位感知，方便宝宝加深记忆。

识字卡片还有一个好处，就是灵活多用。妈妈可以用卡片和宝宝做很多识字相关的游戏，增加识字的趣味性，让宝宝在玩的过程中达成目的，比如说摆字、猜字、找字比赛、宝宝教妈妈认等。无论是哪种识字方法，妈妈都需要有放松、快乐的心态，带动宝宝积极参与，妈妈的赞扬和鼓励非常重要，可以达到事半功倍的效果。

宜丰富宝宝的词汇量

（1）让宝宝多接触实物：宝宝的思维记忆的特点是具象的，如果是看得见、摸得着的实物，宝宝会用视觉、触觉配合记忆，会记得快。

（2）宝宝容易被情绪影响：宝宝在放松、愉悦的精神状态下，记忆力会增强，还会带动想象力的发展。因此，妈妈要多鼓励、赞扬宝宝。

（3）连带中扩充词汇量：当教宝宝认一个实物的时候，妈妈可以连带与其相关的一系列词汇，比如颜色、材质、起源故事等。这样做不但会使宝宝记忆深刻，而且词汇量也会成倍增长。

（4）妈妈要多给宝宝读书：读书不仅可以培养宝宝对文字、语言的敏感度，而且可以增加词汇量。在故事情节的带动下，宝宝会自然地了解词汇的含义和用法，可以让宝宝多接触各种风格的文字，帮助宝宝了解掌握更多的词汇组合。

（5）多带宝宝出门开阔眼界：俗话说"见多识广"，妈妈应该多让宝宝接触外界，各种丰富新鲜的信息会大大提高宝宝的词汇量。

（6）促使宝宝多说话：学以致用才有意义，妈妈应多引导宝宝表达自己的想法和观点。也可以给宝宝开发性的话题，多鼓励宝宝开口说话。对宝宝的错误用词要宽容，这是他学习的过程，不要去严厉指责或立即纠正，只需要不断用正确的用法影响宝宝即可。

（7）少看电视：电视看多了会限制宝宝想象力的发展。学习词汇，应该有从抽象到具象的思维过程，这对宝宝词汇的掌握、理解、运用是极为关键的。

（8）妈妈要"多唠叨"：妈妈是话痨，宝宝的口语就容易掌握得好。妈妈的声音能有效促使宝宝记忆。但妈妈要注意，"唠叨"时语言的正确和规范性。

宜多和宝宝玩造句游戏

在宝宝有了一定词汇量以后，妈妈可以有意识地多和宝宝玩造句游戏，发展宝宝的造句能力。最开始的时候可以是简单句，一个主语加上一个动词，如妈妈说"小狗"，宝宝说"汪汪汪"之类的。反复进行这个游戏，宝宝就了解主语和动词之间的连贯关系，熟练掌握以后，就可以进行扩句练习。句子的词语量、句式的难度逐渐增加，可以快速提高宝宝的造句能力。

宜正确对待宝宝说话晚

宝宝说话有早有晚，通常情况下，在13～18个月的时候能够开口说出一些简单的词语。少数宝宝可能较早一些，或较晚一些。有的还会延迟到24个月左右，才开始同妈妈进行语言交流，这种差异的形成与遗传因素有一定关系。可以说，家里长辈有说话比较晚的，宝宝就易受到遗传的影响，开口说话时间可能会迟一些。如果是这种情况，妈妈大可不必过分焦急。

除了遗传因素外，需要强调的是家庭环境与教育方式的直接影响。例如，有的妈妈性格内向，不爱说话，平时也很少主动和宝宝说话，使宝宝很少有说话的机会。有时妈妈还会强调"忙"，很少主动与宝宝接触。宝宝没有模仿说话的对象，也就缺乏进行言语交流的兴趣和欲望，更不会有开口说话的训练了。还有的妈妈不仅不爱说话，也不喜欢带宝宝接触其他人，宝宝就更得不到语言上的刺激和训练了。所以，妈妈要多付出一些爱心，多进行亲子间的言语沟通，给予宝宝充分的言语刺激。

宝宝识字和写字不宜同步

写字对于宝宝来说，是一项有难度的技术活。写字需要宝宝有一定的体能基础，不仅手指要有力量握笔，手、臂、脑神经也要具备一定的协调性，还要宝宝有一定的耐心和耐力。宝宝的身体处在发育期，神经系统发育不够成熟，不能让手灵活控制笔的走向。手部的小肌肉发育也不足，容易产生疲劳感，如果长时间用手握笔会造成手的发育畸形。长时间采取坐姿练字，容易让宝宝恐学、厌学，对于宝宝心理和身体发育都不利。所以，宝宝识字和写字要分开。

忌忽视宝宝言语发展迟缓

如果宝宝1岁时不能进行动物声音模仿的游戏，1岁半对妈妈发出的简单指令没有反应，甚至2岁还不能说常用的词汇时，就表明宝宝语言发育出现问题了。妈妈必须要确认宝宝的语言发育迟缓是什么原因，尽早给予干预治疗。

语言是人际交往的重要工具，能够促进人与人之间的有效沟通。宝宝在幼儿期，是语言能力发展的关键时期。语言可以帮助宝宝认识自我，顺利建立自我意识，这对日后的社会交往是非常重要的。如果宝宝早期语言发展迟缓，不仅会影响大脑神经的发育完善，包括想象力、创造力、思维能力的发育都会受到阻碍。所以，妈妈一定要重视宝宝的语言发育，给宝宝提供良好的语言环境，以促进宝宝健康成长。

忌用儿语和宝宝说活

儿语，也叫做奶话或婴儿式语言。儿语是小宝宝学话伊始经常使用的句式，通常都是叠字，比如说"吃面面""穿裤裤"之类的。妈妈最好不要用儿语的方式和宝宝说话，因为妈妈使用儿语，会养成宝宝错误的语言习惯，不利于日后的语言学习。一旦宝宝习惯了用儿语说话，长大后就很难摆脱儿语。

妈妈与宝宝说话时，注意吐字发音要清楚，语速可以稍微慢一点，但要说正确的句式和语言。宝宝对于儿语和规范语言的学习，需要花费的时间和精力是一样的，不要把宝宝的记忆存储区浪费在无效的语言记忆上。要让宝宝从小就规范语言，促进思维积极健康的发展。

忌取笑宝宝说话错误

宝宝学说话，由于对词语的认识理解不够全面造成偏差，经常会出现用错词、说错话的时候。这时候妈妈要注意，不要取笑宝宝，也不要把宝宝的事情当成笑话讲给其他人。别看宝宝小，自尊心可是很强的，取笑会打击宝宝说话的积极性，让宝宝产生挫败感，不愿意开口说话，时间一长，就会造成宝宝语言表达能力差、智力发育缓慢。

忌重复宝宝错误发音

宝宝口齿不清的时候，经常会吐字不清、发音错误。妈妈不要因为宝宝发音古怪有趣，就学宝宝的发音，这种做法一是会让宝宝对正确的读音产生混淆，二是会让宝宝被取笑，产生挫败感，影响宝宝学发音的积极性。妈妈应当一直用正确的语音和宝宝说话，时间长了，在正确语音的引导下，宝宝的发音也就逐渐正确了。

感官刺激

妈妈宜多抚触宝宝

妈妈经常抚触宝宝有很多好处。妈妈温和的声音加上手指给予宝宝轻柔的触摸，可以刺激宝宝的免疫系统，增强抵抗力，改善消化功能，增强睡眠，促进宝宝吸收营养及身体发育。宝宝从一出生就有被抚触的需求，需求得不到满足的宝宝会出现生长迟缓、发育不良。妈妈如果给予宝宝抚触，不仅能刺激宝宝的神经细胞发育，也有助于大脑的发育健全。

宝宝刚出生，在完全陌生的环境容易紧张不安。妈妈的抚触能有效安抚宝宝的情绪，使宝宝对妈妈产生信赖，这就是为什么宝宝在妈妈的怀里睡得香的缘故。抚触还有利于培养宝宝良好的性格，经常被抚触的宝宝容易产生安全感，长大后表现得性格开朗、有爱心、适应性强。最重要的是，抚触能促进妈妈和宝宝之间的交流，令宝宝感受到妈妈的爱护和关怀。

宜给宝宝适度的光刺激

宝宝半岁内是视觉发育至关重要的时期，视觉能力发育良好，有利于促进宝宝智力的发展。促进宝宝的视觉发育，给予宝宝适度的光刺激是关键。有些妈妈认为子宫是阴暗的环境，怕明亮光线的刺激让刚出生宝宝的产生不安，会刻意的挂窗帘遮挡。这种做法是不可取的，适当的光刺激有助于宝宝的视觉系统发育完善。

对刚出生的宝宝而言，从昏暗到光明，"光"对他来说具有相当大的冲击力。但宝宝感知外界，绝大部分的认知信息都来源眼睛，使宝宝受到一定的光、色彩的刺激，会大大提高宝宝视觉的灵敏度。白昼黑夜自然的更替，还会帮宝宝建立良性的条件反射。如果在关键期内得不到足够的刺激满足，对宝宝视力的正常发展可能造成严重后果。

不过，妈妈一定要注意，光刺激一定要适度，不能过量，如果让太阳光直射宝宝的眼睛，反而会损伤宝宝的眼睛，造成不可弥补的伤害。光线的强度可以控制在妈妈感觉柔和舒适不刺眼就可以了。

妈妈宜多与宝宝对视

有时候妈妈会发现，宝宝常对着头顶的灯"出神"，这是因为宝宝对光线很敏感。不过新生宝宝的视力很弱，目视距离只有25～40厘米。妈妈与宝宝对视的最佳距离是20～30厘米。当妈妈哺乳时，宝宝会一边吃奶一边直视妈妈的眼睛，这是宝宝情感发育过程中的视觉需要，妈妈可以利用这个特性和宝宝多进行"交流"。

妈妈宜常对宝宝笑

宝宝能注意到不同的表情，如果妈妈对宝宝做出夸张的表情，他就会目不转睛地看着你。更不可思议的是，宝宝天生就具有模仿能力，当妈妈对他做出吐舌头的动作时，他也会学着吐自己的舌头。在所有的表情中，宝宝最喜欢看到的还是妈妈的微笑，他能从妈妈的微笑中接收到安全、甜蜜的信号。

给宝宝听适宜的音乐

宝宝天生就有感受节奏的本能，在妈妈子宫里就习惯了妈妈心跳的节奏，因此最初给宝宝播放的乐曲节奏最好与心跳相似。随着宝宝长大，可以随着播放时间不同，选择相适应的音乐。早上可以播放明快、活泼、动感些的，带动宝宝一天的好心情；游戏的时候，播放节奏感强的，可以让宝宝跟着音乐的节拍活动；读书、吃饭的时候，音乐宜悠扬、和谐、舒缓；睡觉的时候，曲调就要安静、缓慢、柔和了。

宜经常给宝宝听音乐

音乐能够带给宝宝快乐和安全感，促进宝宝听觉神经的发育，提高宝宝的节奏感和身体协调能力。音乐还可以促进右脑的发育，左脑是主要负责语言记忆的，右脑主要负责音乐、形象、经验、直观等认识，"创造性思维"也更多是右脑的产物。所以，经常听音乐的宝宝，不但能增强记忆力、提高听力的敏锐度，还可以发展空间感和时间感，激发想象力和创造力。

音乐还可以平复宝宝的情绪，当宝宝心情不好、哭闹时，一首曲调优美、旋律悠扬的曲子，会让宝宝逐渐安静下来。经常给宝宝听音乐，更容易让宝宝感知到快乐和幸福。

宝宝听音乐宜注意

音乐虽然对宝宝有很多好处，但也不要听时间过长。宝宝听音乐一般在半小时左右就可以了。而且播放的曲目不要经常变换，固定曲目要维持一段时间，这样才能让宝宝更好地适应。这种做法还有利于增强宝宝的记忆力及音乐欣赏能力，重复记忆可以最大效率的增强宝宝的听觉记忆力。可以半个月、一个月调整一次曲目。

妈妈可以给宝宝执行定时定曲的播放方式，规律的音乐可以帮宝宝养成规范的生活习惯。比如说，一到晚上睡觉的时候，就放《小夜曲》《月光奏鸣曲》。妈妈千万要注意，不能一直放音乐，每天固定的时间听几次就可以了。不能让音乐代替妈妈的声音，宝宝语言能力的培养不能忽视。

宜给宝宝适当的触觉刺激

人的触觉能力分两种，一种是触觉辨识能力，可以感知冷热、软硬、疼痛，这种能力能够让宝宝累积认知分辨不同材质的经验；另一种是触觉防御能力，可以感知危险性，避免受到伤害，让宝宝可以感知环境安全与否，从而保护自己。

通过多元的触觉刺激，可以让宝宝全方位的认知世界。通过不断的触觉探索，有助于促进宝宝的动作及认知发展。宝宝出生后就需要持续的触觉刺激，完善建立自身的触觉系统。通过妈妈的拥抱与抚摸，宝宝可以获得满足感和舒适感，产生被爱和安全的感觉。

触觉刺激少的宝宝通常比较敏感，情绪不稳定，容易有协调不良、触觉迟钝等问题，也比较容易受伤，甚至人际交往会出现障碍。因此，适宜的触觉刺激，良好的触觉能力，是宝宝健康成长不可或缺的重要部分。

宜锻炼宝宝的听觉能力

宝宝在胎儿期就已经有一定的听力了。听觉不仅会让宝宝辨别不同的声音，更是熟练掌握语言的关键。而婴儿期是宝宝语言发展迅速的阶段，所以适宜的听觉训练会加速宝宝的辨别能力。宝宝出生2个月后的听力就接近成人了，而视觉神经需要10个月左右才会发育完善，这时候给予宝宝适宜的听觉刺激，有助于视觉神经的发育。

宝宝喜欢什么声音呢？是妈妈的声音。宝宝在刚出生时，就能从嘈杂的声音中辨认出妈妈的声音，那是他最熟悉喜欢的声音。妈妈的声音会影响宝宝的行为，宝宝会对妈妈的声音率先做出回应。培养宝宝的听力就是要打造语言的氛围，多和宝宝说话。只要宝宝醒着就可以不断跟他说话，或哼唱儿歌。虽然宝宝最初没什么反应，但只要多坚持，宝宝就会被潜移默化的影响。

嗅觉刺激的适宜方式

妈妈对宝宝进行适宜的嗅觉刺激，可以有效提高宝宝的嗅觉灵敏度，促进宝宝大脑智能的全面开发。具体做法如下。

（1）妈妈的味道：宝宝最熟悉、最早接触的就是妈妈的味道。妈妈可以把自己的衣物放在宝宝身边，这种做法不但可以刺激宝宝的嗅觉发育，对宝宝还有安抚情绪的作用。

（2）认知生活用品：宝宝经常使用的，具有适宜香气的物品可以经常让宝宝闻一闻，同时告诉宝宝这是什么味道，促进宝宝的嗅觉记忆。

（3）自然气味刺激：带宝宝出门的时候，可以让宝宝适当的闻一下周围安全的植物味道，帮宝宝体验各种蔬菜、水果的味道。

味觉刺激的适宜方式

小宝宝的味蕾在舌面的分布广泛，味觉更敏感、更丰富，妈妈应该按照宝宝的生长发育所需，为宝宝制作食物。妈妈要知道，对宝宝的味觉能力进行适当的刺激，可增强味觉系统的发育完善，提高宝宝味蕾的敏感度。如果宝宝味觉存储的感知经验越多，也会促进右脑智力的发展。妈妈可以用下列方法给宝宝进行味觉刺激。

（1）准备不同种类果汁、水等，一次滴少许给宝宝尝试，以训练宝宝对不同味道的熟悉度。

（2）增加辅食：辅食种类繁多，味道也富有变化，可以有效地训练宝宝味蕾的敏感度。妈妈要注意，添加辅食时，以一种味道为主，不要两种或两种以上味道并存。一种味道重复几次后就要换另外一种。不能单一味道时间太长，这样不仅不能刺激宝宝味觉发育，反而会造成宝宝偏食某种口味。

（3）多种味道尝试：妈妈可以准备醋、糖、酱油，给宝宝尝一滴，让不同的味道刺激宝宝的味蕾发育

（4）吃苦：宝宝生病的时候吃药，妈妈可以告诉他药是苦的，让他体验到苦味。

宜变化环境提高宝宝观察力

当宝宝的头已经能够灵活转动，自由地探索周围的世界，视力和手的操作能力也有一定提高的时候。妈妈可以变换一下室内环境布置，使宝宝产生新鲜感，激发他观察、探索的欲望和兴趣。在明快的色彩环境下生活的宝宝，创造力远远高于普通环境下生活的宝宝。

白色会妨碍宝宝的智力发育，而红色、黄色、橙色、淡黄色和淡绿色等能促进宝宝智力的发展。所以，妈妈应该注意环境色彩的调整、物品位置的变换。床单、桌布等可以更换颜色、图案；挂画、小床周围的玩具要变换位置。把宝宝放在婴儿车内时，要经常调换婴儿车的方向，让宝宝可以从不同的角度进行观察。

宜锻炼宝宝的手眼协调能力

手眼协调能力是指在视觉引导下，手精细动作的配合协调性，是由手的小肌肉配合视觉而组成的。简单地说，就是看得见、拿得到。宝宝手眼协调能力是随着神经的发育而逐渐增强的，单纯的看和摸对于宝宝没有什么意义，只有手眼协调，实现了自主意识的动作，才真正增强了宝宝各项能力的全面发展。在这个过程中，妈妈的引导和帮助非常重要。要在日常生活中，有意识地多锻炼宝宝的手眼协调能力。

锻炼手眼协调能力可以首先由训练宝宝的"够物"动作开始。当宝宝可以准确的碰触吸引他的物品时，就可以利用游戏来锻炼宝宝的手眼协调能力，比如说敲打乐器、手指扣洞、捡皮球等。慢慢的宝宝就可以根据知觉传递的讯息，准确调整手的活动方向及力度。

宜锻炼宝宝的眼耳协调能力

眼耳协调能力指的是宝宝听到附近的声音，能够转动眼睛和身体，准确辨别声音的方向。视觉和听觉的发育是大脑智力开发重要的组成部分，拥有灵敏的视觉和听觉，可以使宝宝在学习语言的时候更加轻松。锻炼宝宝的眼耳协调能力，妈妈可以经常在不同的位置播放音乐，或与宝宝说话，帮助宝宝自如、准确地找到声源。

宝宝抚触禁忌事项

（1）每次抚触的时间不宜过长，一般控制在15分钟以内；不要选择宝宝疲惫、饥饿或刚刚吃饱时进行。

（2）为宝宝做抚触应该是一段轻松愉快的亲子时光，如其间宝宝出现烦躁不安的现象，应立即停止，不要强迫。

（3）给宝宝做抚触时，妈妈应注意摘掉戒指、手表等饰物，指甲也不可修剪得过长、过尖，以免划伤宝宝娇嫩的肌肤。

忌过度刺激宝宝的感官

宝宝的健康成长需要全方位的感官刺激，感官的敏锐度对于宝宝的智力发育很重要。但妈妈也要注意，不能过度刺激宝宝的感官。适宜的感官刺激有助于开发宝宝的五感，但如果过度刺激宝宝的五感，容易使宝宝心理、生理出现不良反应。不仅会影响感官刺激的效果，还会降低宝宝的感受性，不利于宝宝的身心发育。

受到过度刺激的宝宝会感到疲倦和有压力。比如说，当宝宝运动量过大，过于兴奋就会影响睡眠。带宝宝参加聚会的时候，过多的陌生人逗他，他就会烦躁害怕。所以，如果妈妈感到宝宝有异样的情绪波动时，应尽量提供一个安静、舒适的环境。

忌给宝宝听刺激性音乐

适宜的音乐刺激会促进脑部发育，使脑神经的连结增多，神经线路越密，脑部发育就越快。但只有节奏多元的乐曲，才能产生有效地刺激让听觉脑波交换。如果只听单调且重复性很高的音乐，是不能促进宝宝脑部发育的，例如迪斯科、摇滚乐之类刺激性较强的音乐。这类音乐不但对宝宝的大脑健康发育无益，甚至会损伤听力，惊悸心脏，甚至钝化听觉，降低听觉的敏感度。

忌违背刺激感官的原则

感觉系统是人类认知、了解世界的基础。在宝宝成长的过程中，感觉器官的发育极为重要，而感觉器官的发育完善又必须依靠有效的感官刺激。给予宝宝感官刺激应遵循适龄、适度、经常重复强化的原则。简单来说，就是刺激感官的方式，要根据宝宝实际月龄的生长发育指标而来，过早进行感官刺激会使宝宝柔弱的感觉器官受到伤害，过晚又会错过感觉器官发育的敏感期，使感觉器官发育滞后，严重者会不发育，影响宝宝的智力。

适度是指刺激感官的强度，刺激强度过小达不到效果，刺激强度过大会造成感觉器官受损。有的妈妈没有耐性，对于宝宝感官刺激是想起来了就刺激，想不起来就不管。这种时断时续的无效刺激，达不到感官器官发育需要重复强化的要求，不利于宝宝感觉器官的发育。

忌忽视宝宝嗅觉能力的开发

出生几天的宝宝就会展示出他灵敏的嗅觉反应，对于妈妈特有的母乳香气，会产生强烈的条件反射，不停地在妈妈身上寻找。随着宝宝的长大，妈妈会发现宝宝能够区分不同的气味了，最喜欢的还是甜味和香味。宝宝这种与生俱来的能力，往往会让妈妈忽视了对宝宝的嗅觉刺激。嗅觉也是宝宝全面客观认知外界事物的一个重要途径，有益大脑的全面开发。因此，妈妈一定不要忽视了对宝宝嗅觉能力的开发和培养。

忌忽视宝宝注意力敏感期

妈妈会发现宝宝只要到达一定阶段，就会对某种行为产生浓厚的兴趣，总是热情地积极尝试。这个产生浓厚兴趣的阶段被称做"敏感期"。在不同的敏感期里，宝宝有不同的关注对象。比如说在语言敏感期的宝宝，还不会准确发音，就会咿咿呀呀地说个不停。如果宝宝没有达到语言敏感期，妈妈就提前教宝宝说话，宝宝会表现的不配合，注意力不集中，没有兴趣，四处张望。

当宝宝对某些事情产生了兴趣的时候，妈妈会发现宝宝其实是很专心的。他可以聚精会神地蹲在地上研究蚂蚁，也可以认认真真地完成涂鸦作品。当宝宝全神贯注地做他喜欢的事情时，可以忽略掉周围的事物。所以，这种不受外界干扰的注意力，是宝宝与生俱来的。

如果妈妈不能在敏感期加以保护宝宝的注意力，随便制止、剥夺宝宝自主做事情的权利，或经常打扰中断宝宝，他的注意力集中行为就会受到干扰和破坏，形成不能集中精神，注意力分散，对事物只有三分钟热度的状态。

忌忽视宝宝对外界的反应

宝宝的健康成长，需要妈妈倾注全部的爱心和耐心。当宝宝外出游玩，或有了社交行为，妈妈要注意观察宝宝的行为表现，更要注重宝宝对外界的反应，及时排解宝宝出现的问题。宝宝总会在任何时刻，莫名的发生各种状况，如玩得好好的，突然就不玩要回家了；抢小朋友的玩具；甚至看到别的小朋友哭，他也会跟着哭等。妈妈要及时了解宝宝问题产生的原因，帮助宝宝排解消极、负面的情绪，建立宝宝积极、开朗、乐观的性格。

宝宝的能力有限，在他第一次向妈妈寻求帮助的时候，妈妈可以为了锻炼他的独立性拒绝帮忙，但相同的要求要是提出了两次以上，妈妈就要给予适当地帮助了。不要等宝宝急得暴躁、大哭，妈妈再去帮忙。如果长时间多次拒绝不闻不问，宝宝经过了努力也完成不了，这会在宝宝心理上造成非常大的挫败感，时间长了，会造成宝宝对妈妈失去信任，疏离妈妈，不再寻求帮助，性格也会变得自卑、敏感、易怒、没有自信。

智力开发

宜开发宝宝的右脑

人的大脑分为左右两个半球，一般左脑具有语言、数字、逻辑推理等偏向理性的功能，右脑则负责音乐、空间感、想象力等感性的功能，较偏向直觉式思考。右脑蕴含着最基础的智力潜能，像记忆力、观察力、理解力、创造力等。虽然右脑开发的过程很短暂，但人一生的智商和性格取决于右脑发育水平。

宝宝出生的前三年是大脑迅速发育、智力开发的关键期。大脑功能的拓展主要在右脑，而左脑的发育程度也由右脑决定。所以，早期智力开发要重视右脑的开发。妈妈宜在音乐、绘画、舞蹈方面给予宝宝适当的引导，鼓励宝宝涂鸦和改编童话故事，可以有助于宝宝开发右脑。

宝宝智力开发宜适度

很多妈妈都崇尚"不能让宝宝输在起跑线上"，从宝宝一出生，就把智力发育放在首位。给宝宝买大量的益智玩具，参加各种智力开发的培训班。其实，如果宝宝智力开发过度，反而不利于健康成长，还会在宝宝成年后造成很多不良后果。

宝宝智能、体能发展都是循序渐进的，妈妈如果过早灌输大量的知识给宝宝，会让宝宝不堪重负，不仅会出现厌学的状态，长大后也缺乏好奇心和参与度，竞争力弱，不善于处理人际关系。

开发宝宝智力宜这样做

（1）适当感官刺激：宝宝认知了解世界是通过感觉器官开始的，所以妈妈要注意宝宝感觉器官的发育，给予适当的感官刺激，以提高宝宝的感知能力。

（2）创造良好的环境：环境包括物质环境和精神环境，现在的宝宝都不缺吃穿，但容易被忽视的是精神环境，和谐、轻松的精神环境更有利于宝宝的智力发育。

（3）关注宝宝的兴趣爱好：智力发育不是靠某种单一技能的锻炼培养就可以完成的。妈妈要注意培养宝宝广泛的兴趣爱好，适当对宝宝的兴趣进行深入的引导，保护宝宝的求知欲。

（4）寓教于乐：宝宝的天性就是爱玩，在快乐的游戏过程中，宝宝的记忆效果会非常深刻。妈妈要学会把知识和游戏相结合，用潜移默化的形式达到学习的目的。

（5）经常鼓励表扬：宝宝的情绪状态直接影响他们的接受能力。宝宝在学习过程中，需要经过很多枯燥单调的坚持、重复，如果得到妈妈的鼓励和表扬，他们是非常乐于坚持的。妈妈的支持和肯定，会激发宝宝的上进心，令宝宝感受到成功的喜悦。

宜尊重宝宝的智力方式

每个宝宝都有各自的特点，遗传基因会导致宝宝智力方式的差异性。比如说，运动员的宝宝肢体平衡能力强，动作协调性好，动作能力就会突出；而画家的宝宝容易在绘画上面展现天赋，对色彩及图形的理解较为深刻。这些都是宝宝自己独特的智力方式，妈妈应在日常生活中多留心观察宝宝的兴趣所在，因势利导地开发宝宝的相关智力。

宜引导宝宝进行创新

宝宝在熟悉游戏规则后，细心的妈妈会发现，宝宝并不喜欢遵守规则，会自己创造新的游戏玩法，并且要求妈妈遵守。宝宝这种不按规矩玩游戏的态度，正是一种想象力和创造力有效结合的体现。这时候妈妈不必强调遵守规则，要爱护宝宝勇于创新的积极性。甚至妈妈可以引导宝宝进行创新，开拓宝宝的思维能力，激发创造潜能。

宜培养宝宝的想象力

想象力是思维的翅膀，知识是有限的，想象力却是无限的，想象力可创造新的知识，推动世界的发展进步。想象力是智力的重要成分，聪明的宝宝都具有丰富的想象力。宝宝如果缺乏想象力，对知识深度和广度的掌握也就有限，进而影响创造力。所以，妈妈要注重对宝宝想象力的培养和提高，把宝宝培养成为富有想象力、创造力的人。

宜了解宝宝想象力的特点

（1）兴趣广泛，缺乏深度。在宝宝成为"问题儿童"的时候，妈妈会发现宝宝所问的内容、范围非常广泛，只要是看到的、摸到的、听到的、近的、远的都会想了解一下。但问题的内容几乎都是没有经过思考的，没有什么目的性。

（2）情节单一，有局限性。宝宝想象的情节比较单一，并且往往集中在某一实际物品上。由于宝宝接触到的信息量有限，所以他的想象往往与所在环境、情绪、接触到的物品有关，这表现出他们想象的局限性。

（3）自由夸张。宝宝的想象偏重于动态的事物，如宝宝画画，多数画行为，很少画静物。他们不考虑现实生活中是否存在的可能性，只追求情绪上的满足。

（4）想象与现实混淆。宝宝游戏虽然是在模拟现实生活，但更加富于想象色彩，往往把游戏与现实混在一起。

培养宝宝想象力的适宜方法

（1）多接触自然环境。宝宝容易从大自然产生丰富的想象，所以要让宝宝多认识大自然，自然界的花草树木、自然现象都会引起他们探索的兴趣，激发和提升他们的想象力。

（2）多做游戏。游戏是发挥宝宝想象力和创造力的最佳途径。在游戏中宝宝可以模拟各种角色，展示各种生活场景。宝宝的想象力，在不同年龄阶段会不断进行变化，从幼稚到成熟，从简单到复杂。

（3）自由画画。画画是开发宝宝想象力一种极好的途径。让宝宝画他看到的事物，他会通过现实展开想象，构造出他想象中的世界。妈妈不要因为宝宝的画脱离现实而责怪他，绿色的太阳为什么不可以呢？宝宝心里，春天的太阳带来是各种植物的生命力。这种大胆的想象，正是凸显了宝宝可贵的创造力。

（4）故事引导。妈妈可以尝试和宝宝一起编故事，可以改变现有的故事情节，也可以选择一个主题，由妈妈和宝宝一起完成。在故事里，妈妈要注意帮助宝宝补充内容丰富的细节，通过具体事物进行形象的联想，发展想象力。

（5）解决问题。在生活中遇到困难和问题的时候，妈妈不要急于帮助宝宝解决。要注意引导宝宝自己想出解决办法，想出的办法越多，宝宝的想象力越会增强。

宜培养宝宝的思维能力

思维能力是智力的核心因素。一个人智力水平的高低，主要通过思维能力反映出来。思维能力差的人独立性较弱，脑子反应慢，缺乏灵活性与敏捷性，遇到困难就会寻求帮助，不能做出准确判断，解决问题能力差。而且思维能力弱也会造成逻辑性差，对于词句、语意认知理解有限，经常牵强附会，说话会出现言不达意，或因果关系混乱。妈妈对于宝宝思维能力的培养，要从小开始，注重宝宝敏感期的智力开发引导。

培养宝宝思维能力的适宜方法

（1）游戏强化：宝宝的思维是和动作能力分不开的，动作发育的好坏和思维形成有着必然的联系，思维依靠动作深化。游戏为大脑健康生长发育提供物质环境，各种玩具会刺激宝宝的感官，在游戏中会锻炼宝宝的手脑协调能力，同时游戏可以有效地培养思维能力。

（2）引导学习积极性：宝宝对于自己感兴趣的事物，是会孜孜不倦的探索研究。要培养思维能力，就要让宝宝对学习感兴趣，促使他们产生积极的内驱力。宝宝积极主动学习是获取知识、发展语言能力的前提。

（3）培养语言能力：语言和思维有着密不可分的联系，良好的思维能力可以加强宝宝的语言表达能力。语言能力的培养应注重多听、多说、多练。

宜培养宝宝的判断、推理能力

判断和推理是逻辑性思维，需要在具象思维的基础上发展抽象逻辑思维。对于培养宝宝的判断、推理能力来说，妈妈需要注重以下几点。

（1）认知扩展：具象思维的基础是丰富的对外界事物的认知。妈妈要帮助宝宝扩大视野，尽量创造条件让宝宝去进行感觉体验。一件事物，要引导宝宝从多方面去了解，比如软硬、温度、味道、颜色、用途等特征，给宝宝建立系统条理的资讯。

（2）比较训练：比较是区别事物异同的过程，是归纳分类的前提。要引导宝宝注意比较两个类似物品的差异，以突出物品的鲜明特征；比较两者的相同点，归纳出两者的共性。促进宝宝对物品正确认知的形成。

（3）总结能力：锻炼宝宝语言的总结归纳能力。妈妈要引导宝宝把理解的内容用语言说出来，促使宝宝将零散的具象信息归纳成概念。要注意词语和句式的准确性、表述的完整性。在掌握了一定量的概念信息后，可以促进逻辑思维能力，提高宝宝的判断推理能力。

（4）反复练习：学以致用才是关键，妈妈应经常给宝宝提些问题，帮助宝宝巩固提升理解判断推理能力。看图改错之类的游戏，也是一种较好的提高判断推理能力的途径。

宜培养宝宝的记忆力

记忆力是认知、保持、再现客观事物所反映的内容和经验的能力。记忆是储存知识的宝库，有了记忆力，才能不断积累知识，促进智力深入发展。良好的记忆力是宝宝学习和生活的基础。好的记忆力有利于提高学习效率和工作效率，记忆力好了，相应的注意力、思维能力都会有很好的提升。因此，妈妈要重视对宝宝记忆力的培养。

培养宝宝记忆力的适宜方法

（1）感知记忆。宝宝的记忆特点是，对于具象的东西记忆会比较深刻。所以一件物品，能够让宝宝看得见、摸得着，妈妈介绍讲述的细节愈多，宝宝越容易在大脑里形成印象，记忆保持时间越长。

（2）情绪记忆。3岁前宝宝的记忆效果和情绪有关，容易记住那些使他们愉快或令他们悲伤、气愤的事情或情景，以及其他引起他们情绪反应的事物。妈妈可以在宝宝情绪愉悦的时候，让他进行学习游戏。

（3）理解记忆。当宝宝对外界的认知达到一定程度，就会形成自己的思考记忆模式。宝宝的知识经验越丰富，越有助于对事物的理解，而理解较深的事物记忆时间就越长。妈妈需要增强宝宝的知识储备，促进理解力的发展。

（4）特点记忆。宝宝记忆带有很大的随意性，很少有目的性。能够引起宝宝兴趣的、形象生动鲜明的事物就容易记住。妈妈可以选择一些具有鲜明特性的事物，帮助宝宝培养记忆力。

宝宝智力开发忌陷入误区

（1）忌以为宝宝的智力开发越早越好。每个宝宝从智能到体能，都有一定差异。教育要在宝宝感官、体能等条件都完善成熟的情况下进行，不是越早越好，过早地教育可能会适得其反，造成宝宝智力发育停滞。

（2）忌以为宝宝的智力开发是学习知识。这种看法就是把智力开发片面化了。智力开发的范围很广泛，知识只是其中一项。学习的形式可以多种多样，学习的内容也是涵盖方方面面的。

（3）忌以为宝宝的智力开发即时有效。很多妈妈在给宝宝进行智力开发的时候，希望可以得到立竿见影的效果，比如记住多少数字、背诵多少诗词等，只求眼前的小效率。时间长了，给宝宝造成很大的压力，进而对学习产生抵触感，导致厌学。

开发宝宝潜能忌专制

对宝宝缺乏感性交流，说话是上级对下级的口吻，常用"这样做""那不行"要求宝宝，没有对话和商量的余地。时间长了，宝宝要么放弃自己的想法顺从父母，要么固执己见形成对抗。

父母专制的做法会压制宝宝的想象力和创造性，被压制屈从父母的宝宝成年后易形成内向、自卑、懦弱的性格。而对抗性的宝宝则会脾气暴躁，易刚愎自用、很难接受他人的意见和建议。

开发宝宝潜能忌不问过程

有的父母对宝宝智力过于进行量化，背了几首诗，讲了几个故事，会认多少字，能数多少数。做到了就欣喜表扬，完不成就给宝宝惩罚。完全忽略了宝宝即使没有做到，也是经历了多次努力的事实。父母这种失望的态度会扰乱宝宝自主探索的态度，倾向于配合父母进行固化、捷径的思维，严重者甚至会为了获得父母的认可弄虚作假。

开发宝宝潜能忌过于溺爱

父母过于溺爱宝宝，往往会呵护过度。如果父母经常想宝宝所想，急宝宝所急，宝宝一抬手，东西就递上，宝宝一张嘴，就喂水喂饭。这种代替宝宝思维的做法，会严重阻碍宝宝体能、智能的发展。生物界从来都是用进废退，不需要用到的器官，功能就会延缓或停止发育。

要促进宝宝潜能的开发，父母就要勇于放开双手，让宝宝自由自主地去探索未知世界，只有禁得起风雨，才能成长为参天大树。

忌一味制止宝宝的破坏行为

不少妈妈都会震惊于宝宝的破坏能力，而又对其无能为力，如书撕了、玩具拆了、墙壁被画得乱七八糟。妈妈要了解，宝宝这么做，是在提高观察力探索未知世界，增加感觉系统对事物进行全方位的认知，也可以说是信息的收集。

如果妈妈制止宝宝的破坏行为，会打击宝宝的探索精神，阻止了宝宝进一步了解未知世界的好奇心和动力，会影响宝宝将来的创造发挥。

忌打击宝宝参与的积极性

有时候妈妈会发现，宝宝会表现出积极参与精神，想和妈妈一起做事。妈妈这时候尽可能让宝宝做些力所能及的事情，比如说拿扫把扫地，或包饺子时候让他玩面团。当然他是既扫不干净、也会弄得满身面粉，但这种积极参与的行为，会促进他想象力的发挥和创造潜能的开发。

如果妈妈怕收拾麻烦而拒绝宝宝，打击宝宝参与的积极性，会导致宝宝成年后做事听话、顺从、畏手畏脚、缺乏主见。

忌笑话、敷衍宝宝的问题

每个宝宝都曾经有过"问题儿童"的时候，无论遇到什么，都会问出"为什么"。很多问题都是幼稚可笑的。宝宝的认知力和理解力有限，这是他们在丰富自己的信息积累、智力活跃开发的过程。对宝宝的这种寻根问底的精神，妈妈一定要认真对待，一不能笑话宝宝，二不能敷衍宝宝的问题。

其实，妈妈认真听宝宝的问题，就会发现，这些问题之间是有联系的。可能在大人的眼里，没有什么必然的逻辑关联。可是宝宝拥有的是不同的开放性视角，正是这些没有逻辑的想象力，才能衍生出无限的创造力。

忌忽视宝宝对声音的关注

不同材质的物品敲击会产生不同的声音，有的宝宝很痴迷这种游戏，不停地敲、敲、敲。声音、音乐、韵律是刺激右脑发育的最佳方式。宝宝的这种行为，妈妈要多支持鼓励引导。给宝宝提供安全的多样化尝试，会激发宝宝的好奇心和探索热情。在不断尝试的过程中，提高想象力和创造力。

第六章

情商培养宜与忌

现在大多数父母都意识到情商培养的重要性，情商关系着宝宝人际关系、情感的质量，是人生成功的重要因素，也是生活动力的重要来源。高情商的人，往往能感受到生活的美好、幸福。宝宝的情商先天并无明显差别，后天的培养起着至关重要的作用。

性格塑造

宜尊重宝宝的性格和气质

　　性格和气质没有好坏之分，每种性格和气质都有其优势和不足，父母首先应尊重宝宝的性格特点，然后适当地进行引导。活泼型的宝宝热情乐观、胆子大、行动力强，父母需要适当约束，不要过分溺爱；和平型的宝宝心思细腻，做事有条理，但节奏慢，信心不足，父母宜耐心对待宝宝，并多鼓励宝宝；完美型的宝宝适应能力很强，做事认真，但自我要求较高，父母宜降低宝宝的要求，以免给宝宝压力过大；力量型的宝宝喜欢探索，但状况较多，父母宜用爱心对待，宝宝感觉到父母的关注后，就能自然而然地平静下来。

宝宝培养宜"因材施教"

　　俗话说"因材施教"，妈妈首先要了解宝宝的性格特征和特长，根据宝宝自身的特点进行教育，能收到事半功倍的效果。

　　（1）力量型

　　力量型的宝宝充满动力，善于指挥，追求挑战和变化，控制欲望强烈，喜欢调动他人，具有领导天赋。力量型的宝宝渴望成为游戏的控制者、当"老大"，当意愿受阻的时候，常会出现不满、愤怒等不良情绪。力量型的宝宝一般表现为外向、乐观、积极、行动力强。

　　对于力量型的宝宝，妈妈宜让宝宝参与消耗体能的游戏和运动，例如跑步、踢球等力量型游戏。在家里，妈妈可以让宝宝积极参与家务劳动，在劳动中体验到快乐和成就感。

　　（2）活泼型

　　活泼型的宝宝聪明好动，热情开朗，想法新奇，好奇心强。活泼型的宝宝很招人喜爱，家人很容易溺爱这类宝宝，忽视宝宝身上的不足之处。要知道活泼型宝宝虽然积极主动，但注意力易分散，做事难以善始善终。

妈妈要注重宝宝注意力和耐力的培养，多陪宝宝聊天，鼓励宝宝坚持做完一件事。

（3）完美型

完美型的宝宝感觉敏锐，富有创造力和艺术天赋，他们往往自我要求较高，责任心强，心思细腻敏感，不善于表达内心感受，易自责、悲观。完美型的宝宝会因目标无法达成而产生沮丧、失望等情绪，很容易放弃。

妈妈对于完美型的宝宝要多鼓励和称赞，不宜对宝宝要求过高，以免造成宝宝的心理压力过大。妈妈要帮助宝宝把目标分为可行性强的短期目标，并让宝宝能正确看待失败。此外，妈妈平时多带宝宝接触外界，培养宝宝的爱心和感恩的心态，有助于开阔宝宝的心胸和视野。

（4）和平型

和平型的宝宝具有天生的协调能力，性格随和、有耐心，做事踏实认真，能持之以恒，但他们缺乏主动性和积极性、不喜欢变动，缺乏远大目标，易产生懒惰、懈怠的情绪。和平型的宝宝遇到不公或冲突后，很少公开反抗，做事情容易缺乏变通。

妈妈要培养和平型宝宝读书的习惯，鼓励宝宝参与心理挑战类的游戏来激发宝宝的热情，还要鼓励宝宝多参加社交及户外活动。

宜培养宝宝的公正观念

公正是一种价值判断，也是社会交往的一种能力。具有公正观念的宝宝，能更好地处理社交关系，更易受到小伙伴的认可和尊重。宝宝小时候都是以自我为中心来看待和处理问题的，妈妈宜从小培养宝宝的公正观念。

要培养宝宝具备公正的观念，父母首先要以公正的态度对待宝宝，尤其和宝宝之间的约定、承诺一定要遵守执行。父母平时宜尊重宝宝的意愿和行为，但也要批评宝宝的不良行为。此外，父母平时还可以通过讲故事等方式，帮助宝宝树立起良好的公正观念。

宜从小培养宝宝的爱心

爱心是一种非常优良的道德品质，从小培养宝宝的爱心，是培养宝宝情商的重中之重。缺乏爱心的人通常性格偏执、行为过激、情绪敏感易怒、易和他人产生冲突或性格冷淡内向，难以融入社交关系中。

爱心是需要从小培养的，宝宝的爱心是通过行为模仿习得的。因此，父母的一言一行对宝宝的影响至关重要。父母平时要注意激发和培养宝宝的爱心，可以在家里养个小宠物，或养盆花，让宝宝学着照顾它们。

宜培养宝宝的自信心

自信心对于宝宝来说，非常重要。宝宝如果缺乏自信心，会表现的自卑、胆怯、遇事畏缩不前、缺乏勇敢和冒险精神、害怕困难、不敢尝试新鲜事物。自信不足还会阻碍宝宝的认知能力、动手能力、交往能力及运动能力的发展。相反，自信心强的宝宝开朗热情、胆子大、好奇心强、积极主动、喜欢探索，体能和智能等各方面能得到均衡发展。所以，妈妈要重视宝宝自信心的培养，多鼓励宝宝，发现宝宝的特长。

宜培养宝宝积极乐观的心态

积极乐观的宝宝抗压性较强、开朗自信，勇于接受挑战和克服困难。而消极悲观的宝宝，常表现出信心不足，遇事往往先想到所要面临的困难，在困难面前容易退缩，出现负面情绪。缺乏积极乐观心态的宝宝还可能担心跟其他小朋友交往，久而久之，会影响宝宝社交能力的发展。

培养宝宝积极乐观的心态，妈妈首先要帮助宝宝建立安全感和信任感。在宝宝遇到困难时，妈妈要提供坚实的情感支持，鼓励宝宝尝试解决问题。最重要的是，妈妈要用积极乐观的生活态度感染宝宝，放手让宝宝去勇于尝试，相信宝宝能在一定程度上解决问题。

宜提高宝宝抗挫折能力

每个人在成长过程中难免会遇到困难和挫折，这些困难和挫折可能会让我们一蹶不振，也可能会让我们超越困难，关键在于是否具有抗挫折能力。父母都希望宝宝在成长的路上一帆风顺，有的父母在宝宝遇到困难时，急于帮助宝宝走出困境，这样宝宝长大后，遇到困难，很容易表现出退缩、无助、束手无策。因此，父母宜从小培养宝宝的抗挫折能力。

父母在宝宝成长过程中要有意给宝宝一些挫折刺激，锻炼宝宝独自解决问题的能力。如果宝宝遭遇挫折灰心丧气，父母应及时给予正面的鼓励与帮助，培养宝宝忍耐、坚持的行为习惯。父母最好和宝宝一起分析遇到困难的原因，探讨下次更好地处理方式，让宝宝能正面看待困难，学会从困难、挫折中吸取经验。

宜培养宝宝诚实的品格

诚实是一种优良的品格，诚信是一个人在社会上的安身立命之本。诚实的品格有助于树立正确的道德准则，帮助宝宝抵御不良品格的侵袭，让宝宝在日后的社会交往中受到别人的欢迎、尊重和信任。而说谎的宝宝，内心会出现纠结、矛盾，表现出恐惧不安、自卑、逆反等不良情绪，严重的还会影响宝宝的身心健康。因此，父母一定要重视培养宝宝诚实的品格。

父母首先应以身作则诚实地对待宝宝，别看宝宝小，当你对宝宝说谎时，宝宝不但能觉察出来，还可能会模仿学习。一些宝宝说谎常是为避免父母的批评和指责。因此，当宝宝犯错时，父母批评宝宝时要掌握正确的方式方法。当宝宝说谎时，父母要避免严厉指责宝宝，而要耐心地告诉宝宝："说谎是不正确的做法，妈妈希望宝宝是一个诚实的孩子。"平时还可以多给宝宝讲一些诚实守信的故事，培养宝宝诚实的品格。

宜正确对待宝宝的说谎行为

发现宝宝说谎，爸爸妈妈先不要对宝宝怒斥，甚至说他是坏孩子，而应该首先弄清楚宝宝说谎的原因。那么，面对说谎的宝宝该怎么办呢？

（1）要增强宝宝的自我意识。帮助和启发他重新认识自己的所作所为，以及哪些地方夸大或歪曲了事实真相。当宝宝讲述真实情况时，要对他坦诚的态度予以赞同和肯定。

（2）加强道德教育。爸爸妈妈在日常生活中要对宝宝的诚实行为表示赞许，对宝宝说谎的行为持否定态度，并告诉宝宝人与人之间尊重和信任的基础就是诚实。

（3）爸爸妈妈要起榜样作用。要言传身教地教育宝宝，诚实地对待家人和朋友。

（4）正确运用奖惩手段。让宝宝认识到谎言总会被识破，说谎只会受到更严厉的惩罚。

（5）家庭气氛应民主。要让宝宝相信并尊重爸爸妈妈，不因害怕爸爸妈妈而编造谎话。

宜培养宝宝的集体荣誉感

进入幼儿园后，宝宝就开始有了集体生活的体验。在家里宝宝都是以自己为中心，到了学校要学着熟悉适应和其他小朋友和平共处，开始由"个体"意识向"集体"意识转化。作为独生子女的宝宝比较缺乏"集体"概念，更谈不上集体荣誉感。

在社会中个人和集体是密不可分的，个人的发展离不开集体。具有集体意识的人更容易适应环境，并与集体共进退，这是不可或缺的品质。如果从小培育宝宝建立了良好的集体意识，注重集体荣誉感，可以对宝宝日后生活直接产生良好的影响，能够顺利融入学校生活、在工作中负责、成为团队的领导等。

宝宝的道德情感是在成人的感染和熏陶下形成和发展起来的，无论是父母还是老师，都应该在日常生活中注重培养宝宝的集体荣誉感。

宜培养宝宝的时间观念

遵守时间，有时间观念的人能够科学合理的安排时间，提高学习、工作效率，自我控制能力也很强。没有良好时间观念的人，会表现出做事拖拉，在人际交往上也会因为无法守时而不被认可，不能很好地融入团队。没有时间观念的话，还有一个非常典型的特征，就是没有目的性，很难去设定并完成一个目标。

因此，从小培养宝宝的时间观念，形成良好的行为习惯，宝宝会变得自信、乐观。能够很好地安排时间，并且进行良性有效的社会交往，有助于更好的学习和生活。所以说，养成一个良好的时间观念，对于宝宝将来适应集体生活、顺利融入社会意义重大。

夸奖宝宝方式宜正确

"乖，你真棒！""妈妈为你感到骄傲！"妈妈经常这样赞扬宝宝，然而看似简单的赞扬都存在着这样或那样的问题。例如"乖，你真棒！"这个赞扬就过于笼统，宝宝根本无法感知自己究竟为什么棒。"妈妈为你感到骄傲！"这个赞扬过分强调了别人的感受，而不是宝宝！其实，这样的赞扬忽视了宝宝行为的具体过程，忽视了能力，而强调了结果。久而久之，在无形中强化了宝宝这样的观念——除非获得赞扬，否则我所做的都是没有价值的，久而久之，还易使宝宝形成自私自利的性格，害怕失败。

妈妈给宝宝的应该是鼓励，而不是赞扬。鼓励是对宝宝能力的尊重和信任，赏识宝宝的努力过程。鼓励多用"你……"的句式。例如，对正在画画的宝宝说"你色彩搭配得真好！"强调是细节和宝宝的感受。多用鼓励之后，你会发现，宝宝培养了自我意识，平静地承认不完美的现实。鼓励宝宝时，宜注意以下几点。

（1）采用肯定的，避免否定的语言。

（2）强调优点，弱化不足：例如，宝宝的画色彩很失败，可以说"你的构图很大胆"。

（3）鼓励宝宝提高，而不是尽善尽美。例如，"想想你可以做哪些改进呢"。

（4）注意辨别哪些行为值得鼓励。例如，"你很有耐心"。

（5）鼓励宝宝所做的努力。例如，"看，你已经有了进步"。

宜培养宝宝坚强的性格

爸爸妈妈与其担心宝宝日后会遇到什么困难，不如培养宝宝坚强的好性格。这样宝宝就像拥有了一桶用不完的金子，遇到困难的时候会自己努力解决，这对一个人的成长非常重要。宝宝坚强的性格在很大程度上有赖于后天的培养，培养宝宝坚强的性格最迟不宜超过3岁。

首先父母应注意观察宝宝性格的特点。比如，宝宝玩积木游戏时，有些宝宝能够自己想出各种玩法，不断变换不同的模型，玩完后还自觉地收拾积木；有些宝宝则需要在父母的帮助和指导下才会搭积木，缺乏独立性。

如果宝宝经常依赖父母，一有困难就要父母为他解决，甚至稍遭挫折就在大人面前撒娇，要求补偿。作为父母，应该多教宝宝如何去做，并多鼓励宝宝，让宝宝学会勇于面对困难，学会自我激励。

忌忽视宝宝过强的虚荣心

虚荣心会导致宝宝攀比消费，企图通过拥有高档昂贵的商品来展现自己的能力，得到认可崇拜。虚荣心过强的人，为了满足对物质的追求，容易撒谎，甚至产生欺诈行为。虚荣心过强会把物质的拥有和幸福挂钩，形成"拜金主义"，行为和道德准则相背离，不愿意付出辛苦获得回报，只想不劳而获，从而在物质诱惑面前，做出一些铤而走险的事情。

如果宝宝有了虚荣心，妈妈一定要重视。要加强对诚信品质的培养，让宝宝远离虚荣，诚实品格可以有效克制虚荣心的躁动。

忌忽视培养宝宝的责任心

责任心强的宝宝最显著的特点就是自觉性、自律性高，如能认真听讲，按时完成作业，遇到问题能积极寻求解决。对于交代的任务，会在规定时间内有效达成。富有责任心的人，更易得到他人的认可和尊重。

而缺乏责任心的宝宝做事情缺乏积极主动性，容易把责任归于他人或外界，遇到挫折容易放弃。在社会交往中，缺乏责任心的人很难获得认可，也很难站在他人的角度考虑问题。因此，妈妈必须重视培养宝宝的责任心。

忌忽视培养宝宝的谦让品质

谦让品质是双方因某种共同喜欢或需要的物品、资源而产生冲突时，一方主动让给另一方的礼让行为。谦让品质是社会性行为发展到一定水平的产物，只有达到一定的心理发展水平，才有可能做出谦让行为。

懂得谦让的人，往往也能站在对方的角度考虑问题，情商较高，更易受到同伴的欢迎和接纳。如果忽视了宝宝谦让品质的培养，宝宝容易成为蛮不讲理的"小霸王"，会遭到小伙伴的排斥，长大后也很难融入正常的社交生活中。因此，妈妈要注重宝宝谦让行为的养成。

忌忽视培养宝宝的同情心

富有同情心的人能设身处地地感受和理解他人的忧虑，并给予帮助。同情能让对方感觉到关怀和爱护，有助于增进双方的情感交往。其实，每个人天生都具有同情心，但如果妈妈在后天忽视培养宝宝的同情心，宝宝容易对他人的不幸持冷漠态度。缺乏同情心的宝宝，常表现为没有礼貌、对人冷漠、霸道蛮横、暴躁易怒。

为了促进宝宝同情心的培养，妈妈首先要以身作则，关心他人、施以爱心，会潜移默化地感染宝宝。妈妈不宜过分溺爱宝宝，一味地付出，这样宝宝反而缺乏感恩的心态，也不会同情别人。

忌忽视培养宝宝的抗诱惑力

生活中很多不良行为产生的原因，都是无法抵抗各种来自外界的"诱惑"。抗诱惑力差的宝宝，缺乏自主意识，自控能力较弱，占有欲强。妈妈重视培养宝宝的抗诱惑力，能加强宝宝的自我管理能力，有助于提高宝宝的情商。

父母可以在心理素质方面加强对宝宝的培养，提高分辨能力及自我控制、克制能力。父母可以采用转移法，将宝宝对吃、玩的兴趣转移到其他积极健康的活动上去。在日常生活中，父母要帮助宝宝树立正确的金钱观，让宝宝客观理智地面对金钱物质的诱惑，但父母也不能一味地拒绝宝宝的物质需求，以免需求更为强烈。

忌粗暴对待胆小的宝宝

对于胆小的宝宝，父母不要急切地进行矫正，更切忌去埋怨、数落宝宝，或在宝宝面前表现出忧心忡忡，这样只会使宝宝更加胆怯或认定自己胆小而丧失信心。

改变宝宝的怯懦心理，首先要改掉大人的过分保护，应该有意识地为宝宝创造与他人交往的机会。父母还可以让宝宝独立完成或有时间限制的任务，让宝宝在实践中体验勇敢和探索的乐趣。如果中间遇到困难，父母的鼓励、指导和帮助更能让宝宝从中体验乐趣，增长生活经验。当任务完成时，宝宝赢得的不仅有父母赞许，而且宝宝也会发现勇敢一点能体验到更加丰富的生活。

忌经常吓唬宝宝

吓唬宝宝是父母常用的一种有效的手段，如为了让宝宝快些入睡，妈妈经常会说："快睡，再不睡大灰狼就来咬你！"这种做法对宝宝性格形成的危害是难以预料的。

（1）会使宝宝对某些事物产生错误的观念，是非不明，真假不分。

（2）会使宝宝遭受精神损伤，使宝宝形成胆小、懦弱的性格。

教育宝宝要在轻松愉快的环境下进行，如果宝宝不听话，可以用诱导的教育方式，也可以讲一些比喻性的小故事。注意故事的内容要轻松有趣、健康向上，如果内容恐怖，容易使宝宝经常处于紧张、恐惧的情绪中，长此以往，会使宝宝形成胆小的性格。

宝宝在轻松愉快的状态下学习，记忆力和理解力都比处于紧张压抑的状态下好。这是因为紧张压抑会导致恐惧情绪，影响和干扰宝宝的大脑。所以，教育宝宝不能经常吓唬宝宝。

行为培养

宜培养宝宝良好的行为习惯

宝宝若能从小养成良好的习惯，那将使他终生受益。日常生活中，妈妈要注意从点点滴滴帮助宝宝养成良好的行为习惯。

（1）语言文明。妈妈要帮助宝宝养成彬彬有礼、说话和气、待人诚恳的良好习惯。

（2）集体意识。妈妈可以在宝宝与同伴交往中，提醒朋友之间要友好相处，鼓励宝宝帮助别人，或多为集体做贡献，重视集体荣誉感。这样有助于宝宝逐渐建立集体意识，多考虑他人意见，不以自我为中心。

（3）劳动习惯。良好的劳动习惯同样应该从小培养，妈妈要多鼓励宝宝参与到日常劳动中去，可以从穿衣服、系鞋带、收拾玩具开始。

（4）卫生习惯。良好的卫生习惯包括两个方面：健康的饮食习惯和良好的作息习惯。妈妈养育宝宝的时候要帮助宝宝养成饮食规律、营养均衡的饮食习惯和按时休息、早睡早起的作息习惯。

（5）学习习惯。学习并不仅仅是指在学校里的学习，而是要有一种学习态度，能随时随地了解自己的不足，去学习相关知识。让学习态度成为一种习惯，就要在宝宝早期教育的时候，注意养成宝宝爱学习、爱看书的兴趣。

宜教宝宝爱惜物品

爱惜物品，节约不浪费，是一种美德。要想使宝宝具备这一良好品质，必须及早培养。那么，究竟该如何培养宝宝爱惜物品的行为呢？

（1）物质给予适量合理。对于宝宝的物质要求，妈妈要具体分析，哪些是合理的，哪些是不合理的，适时适量给予满足。如果一次性要求的比较多，可以先满足一部分，这样得不到的，往往就会产生渴望，等得到后就会珍惜。

（2）纠正不良行为。宝宝经常会出现损坏物品的行为，如墙上乱画、弄坏玩具等。发现宝宝的这些行为后，妈妈首先要弄清原因。如果是无意的，及时提醒宝宝以后注意；如果是故意的，则要给予严厉批评。如果不能及时地批评纠正，往往导致宝宝重复犯错，形成不良的行为习惯。

（3）以身作则。妈妈要以身作则，以榜样力量影响宝宝。比如说爱护图书，轻拿轻放，看后及时放回原处，若发现有书页卷边或被撕破的地方，要和宝宝一起抚平、粘好。

（4）坚持形成习惯。宝宝的行为习惯容易产生变化，如果好的习惯不加以坚持，很容易产生行为消退。所以，在日常生活中，要及时发现和表扬宝宝爱惜物品的行为，在不断的坚持强化中，宝宝爱惜物品的好习惯会不断巩固与提高。

宜帮助宝宝提高自制力

缺乏自制力的宝宝遇到问题容易情绪失控、大喊大叫、脾气暴躁。自制力是控制自己情绪、约束自己言行的能力，也是情商的一种表现，情商高的人往往能控制自己的脾气。人的自制力不是天生的，而是在后天教育中逐步培养和锻炼出来的。所以，想要提高宝宝的自制力，妈妈就需要对宝宝进行自制力的训练和引导。

（1）以身作则，带动影响。妈妈要给宝宝做出表率，在宝宝面前表现出集中精力、说到做到、坚持目标的优良品行。

（2）建立榜样，故事感化。不管是书籍，还是现实生活中，给宝宝找自制力较强的榜样，他喜欢的漫画人物、运动员、作者、同学、亲戚等，把他们自制力较强的事件讲给宝宝听，激发宝宝的模仿兴趣，鼓励宝宝向榜样学习。

（3）遵守规则，认可制度。根据实际情况制定一些规则，让宝宝坚持执行，也有利于培养宝宝的自制力。这些规则可以涉及游戏、生活、运动等方方面面，但要注意规则不能过于冗长、繁琐，那样会不利于宝宝坚持，也会压抑宝宝的探索欲。

（4）表扬赞美，鼓励坚持。妈妈的认可和赞美对于宝宝来说是最强大的动力，能有效地发掘发挥宝宝的潜力。当宝宝做出有自制力的行为时，妈妈要及时给予赞美肯定，增强宝宝坚持的信心，时间长了，宝宝就会提高自制力的强度。

宜纠正宝宝的残忍行为

有些宝宝会表现出残忍行为，如把花揪下来，踩在脚底；把昆虫的翅膀揪掉；抓住小动物，很残忍地弄成伤残等。很多妈妈面对宝宝的残忍行为常会不知所措。其实，宝宝的残忍行为是一种心理问题，妈妈应给予重视，及时纠正宝宝的行为。

纠正宝宝的残忍行为，最重要的是让宝宝感受到来自父母的关心和爱护，帮助宝宝体验到健康、美好的情感，淡化不良心理体验。对于那些自卑感过强的宝宝，要及时发现他的长处和进步，帮助他树立自信心。

宜纠正宝宝的独占行为

有些宝宝自己的玩具不与他人分享，看见别人的东西却总想要，得不到就会发脾气、闹情绪，甚至撒泼打滚、哭闹不止。当宝宝出现这种独占行为时，妈妈宜及时有效地制止、矫正，以免造成宝宝自私自利、以自我为中心、漠视他人的性格。

要纠正宝宝的这种独占行为，妈妈可以从以下几方面入手。首先，要让宝宝了解什么是他该要的，什么是不该要的。其次，可以引导宝宝把物品分享给父母及小朋友，让他体验到分享的快乐。最后，让宝宝有集体意识，鼓励宝宝合群，关心小伙伴。

宜重视宝宝同理心的培养

同理心也就是能站在他人的角度感同身受，设身处地关心、理解他人。在人际交往中，同理心起着非常重要的作用。心理学家发现，即使婴儿还未形成自我概念时，就已经具备了感受他人的能力，如几个月的婴儿看到别的宝宝哭也会跟着哭。一般周岁的宝宝能分清那是别人的痛苦，但他仍会表现出不知所措。因此，父母宜在在幼儿期注重引导和培养宝宝对他人情感的敏感度，培养宝宝的同理心。

（1）榜样作用。父母是宝宝的最佳模仿对象，父母对待身家人的情感方式也会被宝宝模仿并习得。因此，父母对待他人时应学着换位思考、理解他人。

（2）教养方式。研究发现，宝宝同理心受到父母教养方式的影响，如果父母在教育宝宝的过程中，强调宝宝的行为对他人产生的影响，那么宝宝的同理心也会比较敏锐。

（3）倾听宝宝。父母平时宜尊重宝宝，耐心地倾听宝宝，让宝宝能表达自己的感受，了解自己的感受是具备同理心的前提。

（4）角色转换。父母平时在陪宝宝看电视或讲故事时，可以假设宝宝处于不同的角色上，然后询问宝宝的感受和做法，这样有利于加强宝宝的情感体验，学会站在别人的角度考虑问题。

宜让宝宝与同龄人交朋友

虽然宝宝的天性都是愿意和同伴交往的，并且宝宝会本能地察言观色，但他们需要在与同伴的交往中丰富体验、积累经验。现在宝宝大多是独生子女，尤其是居住在城市中的宝宝，更缺乏与同龄宝宝相处的机会。因此，父母宜适当创造条件，增加宝宝与同龄宝宝的接触。

（1）鼓励宝宝参与游戏。游戏是培养宝宝合作交往能力的有效方式，在游戏中，宝宝能不断摆脱"自我中心"，融入群体之中，增加宝宝之间的亲密感。

（2）邀请宝宝们到家里玩。宝宝有了比较喜欢的朋友，妈妈不妨邀请宝宝的朋友到家里来玩，这样能增加宝宝与同伴之间的亲密度，并让宝宝学会"待客"之道，学会分享。

（3）选择离家近的幼儿园。父母宜给宝宝选择离家近的幼儿园，这样能使宝宝与周围的宝宝建立更加亲密的关系，帮助宝宝形成一个稳定的交际圈，有利于宝宝心理健康的发展。

宜正确对待宝宝间的吵架

宝宝们交往时难免会发生冲突，有的父母过度批评宝宝，或把宝宝之间的冲突升级为大人之间的冲突。其实，这样做有失妥当。

大多数宝宝都是以自我为中心的，不能理解他人的想法或要求，他们需要通过争吵的方式来表达自己的想法，了解对方的想法。争吵还能锻炼宝宝的表达能力，让宝宝更懂得表达自己内心的想法，并在争吵中学会宽容、忍让和换位思考。

如果宝宝吵得不是特别激烈，父母不要过于着急，也不要干预，让宝宝争吵一会儿，待他们意见统一后就会停止争吵。如果宝宝吵得非常激烈，父母宜适当转移宝宝的注意力，缓解宝宝间的冲突。处理宝宝冲突时，父母不宜态度强硬，横加指责，随意评价宝宝的行为，最好听清原因后，再调和宝宝之间的矛盾。

忌放纵宝宝的攻击行为

攻击行为是使他人受到伤害或引起痛楚的行为，在不同的年龄阶段有不同的表现形式。幼儿时期主要表现为吵架、打架等身体上的攻击，稍大一些更多是采用语言攻击，谩骂、诋毁、故意给对方造成心理伤害等。攻击行为是宣泄紧张、不满情绪的一种消极方式，对宝宝的成长极其有害，必须进行矫正。

有攻击行为的宝宝，人缘较差，容易被小朋友拒绝；由于爱惹是生非，也会经常被老师否定。宝宝如果长期在这种拒绝、否定的环境中成长，情绪、性格都会受到很大的影响，变得敏感易怒、偏激偏执、易冲动。

对于有攻击行为的宝宝，妈妈要早发现早引导，可以采用"转移注意"法进行干预纠正。在日常生活中找宝宝感兴趣的事情，来转移分散宝宝的注意力。例如，在宝宝情绪紧张时，带他去跑步、打球或进行体育活动，或培养宝宝对绘画、音乐等方面的兴趣。

忌放纵宝宝的不文明行为

有些宝宝在公众场所随地吐痰或践踏草坪，这些行为不仅直接反映出宝宝的性格特点、道德素质，也会影响他人与宝宝建立关系。行为文明的宝宝更易获得同伴的赞赏和认可。此外，宝宝不文明的行为还不利于宝宝责任心和同理心的养成。

妈妈要重视培养宝宝的公共文明行为，不让宝宝在公共场所出现不文明行为，如随地大小便、乱扔果皮纸屑、乱涂乱画、大声喧哗等。如果长期忽视宝宝公共文明的养成，宝宝容易形成我行我素、蛮横霸道的性格。父母是孩子的一面镜子，其言行举止是宝宝生活行为范本。所以，父母要以身作则注重公共文明，使宝宝受到潜移默化的影响。

忌随意干涉宝宝间的交往

有的妈妈认为宝宝的认知水平有限，于是随意干涉宝宝之间的交往过程和交往对象。其实，宝宝有一个不同于成人的世界，与伙伴的交往过程也是宝宝自我形成、自我认知的过程。

宝宝交往时，有一套属于他们自己的规则，如果妈妈过度干涉宝宝的游戏规则，容易降低宝宝对游戏的乐趣，甚至对妈妈产生抵触情绪。有的妈妈鼓励宝宝在同伴中占主导地位，但如果宝宝不具备领导特质，还容易使宝宝产生自卑心理。

有的妈妈认为宝宝的朋友身上有缺点，不希望让宝宝与其交往，以免宝宝学会某种不良习惯。妈妈初衷是为宝宝好，但在宝宝的世界里，还不能分清对与错，妈妈的观点常会让宝宝不知所措，易使宝宝日后对人产生偏见，影响宝宝的社会交往。

忌忽视宝宝被嘲笑

父母一定要重视宝宝被嘲笑，不要认为宝宝小，过两天就会忘记。其实，宝宝也有很强的自尊心，如果父母没有及时发现、处理，让宝宝独自忍受持续的压力、焦虑等情绪，容易使宝宝产生自卑心理，严重的还会产生攻击性行为，不利于宝宝身心健康发展。另外，有些父母会直接去找嘲笑宝宝的同伴或训斥宝宝没出息等极端的解决方式，这样不仅不利于宝宝宣泄情绪、处理问题，反而易使宝宝形成偏激、消极的心理。

父母平时应细心观察宝宝，一旦发现宝宝的情绪状态异常，应及时和宝宝沟通，了解发生了什么事情。父母不要急于判断，而要耐心地倾听，同理宝宝的情绪，帮助宝宝宣泄不良情绪，让宝宝感受到来自父母的关怀和支持，能增强宝宝的自尊心。待宝宝情绪稳定后，父母可以跟宝宝一起探讨解决问题的方式，如分享自己的过往经历或让宝宝站在戏弄者的角度考虑，启发宝宝找到最恰当地解决问题的方式。此外，父母平时应多鼓励宝宝，尤其是在其他小朋友面前，有助于增强宝宝的自尊心，降低宝宝被嘲笑的负面情绪体验。

情绪控制

父母宜觉察自己的情绪

研究表明，情绪是由无意识引起的，情绪的反应往往也是无意识的。妈妈在生活中难免会出现不良的情绪体验，并且容易无意识地把这种不良情绪传给宝宝。如果父母不能及时觉察并调节自己的情绪，负面情绪很容易影响父母教育宝宝，甚至会对宝宝造成伤害。

襁褓中的宝宝即便不会表达，但仍然能感受到妈妈的喜怒哀乐，如果妈妈总处于焦虑状态，这种情绪难免会传染宝宝，令宝宝感觉焦虑、不安全。而如果妈妈自己受了委屈或遇到不顺心的事后，带着负面情绪教育宝宝，容易放大宝宝的错误，不利于正确解决问题。宝宝感受妈妈的负面情绪后，常会产生"妈妈不爱我""我不够好"等消极想法及自责、恐惧等负面情绪，且容易在日后形成自卑、胆怯等性格。此外，妈妈是宝宝的模仿对象，妈妈处理情绪的方式会潜移默化地影响宝宝。

宜增进与宝宝的情感交流

父母都希望自己的宝宝聪明可爱，因此大多数父母都非常注重宝宝智能方面的培养。有的父母还会认为自己非常爱宝宝，宝宝不会出现情感缺失，于是不注重与宝宝的情感交流。相信任何父母都是爱宝宝的，但若不能用正确的方式表达对宝宝的爱，宝宝也易出现情感缺失。

父母平时可以通过眼神、语言、抚摸等方式与宝宝进行情感交流，让宝宝感受到父母浓浓的爱意，满足宝宝的情感需求，有助于宝宝建立安全型依恋关系。一般宝宝4个月后，开始注意到父母的情绪反应，父母积极的情绪能感染宝宝。宝宝10个月后，随着活动能力的增强，宝宝的情绪也开始丰富起来，父母宜了解宝宝的需求，识别宝宝的情绪，增加宝宝正面的情绪体验。

有的爸爸认为情感交流是妈妈的责任，而常以自己工作忙没时间为借口。其实，爸爸与宝宝的情感交流对宝宝的成长也起着非常重要的作用。爸爸的交往风格不同于妈妈，对宝宝的日后影响是妈妈不能代替的。研究表明，与爸爸关系亲密、互动良好的宝宝会更自信。

宜引导宝宝识别情绪

父母要想让宝宝学会调节自己的情绪，首先应引导宝宝学会识别情绪。宝宝及时识别自己的情绪，能避免长时间陷入负面情绪中，找到解决问题的办法，有助于宝宝情商的发展。

妈妈可在宝宝看电视或看故事时，不断引导宝宝识别情绪，如"大灰狼敲门时，三只小兔吓坏了"或"奥特曼打败了怪兽，大家都非常高兴"。妈妈还可以声情并茂地告诉宝宝别人经历某事时的感受，来丰富宝宝的情绪体验，帮助宝宝积累情绪的词汇，让宝宝学习表达自己的情绪。妈妈平时要多注意宝宝的情绪反应，有意地与宝宝去共情，如"爸爸回来了，宝宝是不是很开心啊"或"玩具坏了，宝宝是不是有点难过"。对于大一些的宝宝，妈妈可鼓励宝宝描述自己的情绪体验，如"宝宝为什么嘟着小嘴呢"或"宝宝什么事情这么开心啊"。

宝宝识别的情绪越多，就越容易识别他人的情绪、表达自己的情绪，然后找到更好的方式来处理情绪，解决问题。

宜让宝宝适当宣泄情绪

如果宝宝自身的需要未能得到满足，宝宝就容易产生不同程度的消极情绪，而很小的宝宝还不能根据场合合理地宣泄情绪。如果父母制止宝宝宣泄，宝宝则容易压抑情绪或以不当的方式进行宣泄，这反而不利于宝宝的身心健康。

父母应理解宝宝宣泄情绪的需要，并以恰当的方式引导宝宝适度宣泄，来缓解宝宝的不良情绪。父母可以耐心倾听宝宝内心的委屈、不满，或鼓励宝宝运动一下，赶走负面情绪。此外，妈妈还可以通过唱歌、画画、弹琴等方式，来帮助宝宝宣泄情绪。

宜正确表扬宝宝

表扬能对宝宝的行为起到强化作用，有助于增强宝宝的自信心，激发宝宝探索的乐趣，让宝宝体验到成就感。如果表扬不当，反而达不到教育宝宝的目的。因此，妈妈表扬宝宝时，宜注意以下几点。

（1）表扬要客观。妈妈不要主观认为宝宝做的事情简单，不值得表扬，而要从宝宝的角度客观看待宝宝的行为，对宝宝进步或努力做到的事情，应予以表扬。

（2）表扬要具体。妈妈表扬宝宝时，最好具体说明宝宝的某种行为或想法而受到了表扬，如果表扬过于宽泛笼统，宝宝则会感觉自己莫名其妙被表扬了，那么表扬起到的作用也微乎其微。

（3）表扬要及时。妈妈最好及时表扬宝宝，不要拖延，否则时间过长，宝宝已经忘记了，表扬也起不到很好的效果。

（4）表扬重过程。妈妈除了要注重宝宝行为的结果外，还要注意表扬过程，这样的表扬能让宝宝更重视自己在过程中所付出的努力和乐趣，并寻求更好的解决方式。经常这样表扬宝宝，宝宝也更愿意接受挑战、克服困难。

（5）表扬要真心。发自真心的表扬才能让宝宝感觉妈妈是真的在关注他，别看宝宝小，敷衍、无心地表扬宝宝一定能觉察出来，而且表扬效果也会大打折扣。

忌忽视宝宝的情绪表达

中国传统的教育方式并不注意尊重宝宝的情绪，当宝宝因遭遇情绪困扰而哭泣或愤怒时，很多父母会恐吓宝宝，如"你再哭，再哭大灰狼来了"或"再哭就不要你了"之类的语言。这样虽然能暂时让宝宝停止哭泣，但不利于宝宝身心健康的发展。父母只有接纳、尊重宝宝的情绪，让宝宝感觉安全、温暖、支持，才能帮助宝宝走出负面的情绪。

（1）压抑情绪。如果父母没有及时接纳、疏导宝宝的情绪，宝宝很容易采取不当的方式宣泄自己的负面情绪或压抑自己的情绪。如果以后遇到类似的事情，也容易引发宝宝的负面情绪体验。

（2）自我价值感低。如果宝宝处于负面情绪中，父母采取呵斥、恐吓的态度，容易让宝宝产生"自己不够好，自己只有按父母希望的去做，才会被喜欢"的想法。这样的宝宝自我价值感较低，常不断努力获得他人的肯定和认可，易表现出缺乏创造力、无主见等性格特点。

（3）撒谎和隐瞒。父母对宝宝不良情绪的处理态度，还易使宝宝隐瞒自己的行为和情绪，甚至有的宝宝因害怕责骂而说谎。这类宝宝长大后，还容易对父母报喜不报忧，内心世界离父母也会越来越远。

父母忌当着宝宝面争吵

有的父母忍不住当着宝宝的面争吵，父母争吵时大多情绪激烈，容易感染宝宝，令宝宝产生恐惧、悲伤、无助等负面情绪，大多数宝宝会通过哭来表达自己的情绪。婴幼儿大多不能了解父母为什么吵架，常会认为是自己的原因导致父母吵架。还有一些父母吵完架后，会把宝宝当出气筒，这样易加重宝宝的负面情绪和错误认知。

父母是宝宝学习的榜样，而宝宝也是父母的一面镜子，照出父母的不足之处。在宝宝成长过程中，父母应不断地打量自己、完善自己。例如，当宝宝在一旁哭得撕心裂肺的时候，父母有没有考虑过是否有更好的沟通方式呢？当宝宝努力学习，希望父母减少争吵的时候，父母是否考虑自己忽视了宝宝的情感需求？

如果父母已经当着宝宝面大吵了一架，也不要过于自责和内疚，有时挫折也是宝宝成长中的一部分。最好的补救方法就是父母当着宝宝的面和好，抱抱宝宝，告诉宝宝："爸爸妈妈都非常爱你，我们吵架不是你的错。"

忌严厉批评宝宝

宝宝难免会犯错，但如果父母批评过于严厉或方式不当，不但起不到管教宝宝的目的，反而会伤害宝宝的自尊心。

有的父母批评宝宝时，喜欢翻旧账，希望达到教育宝宝的目的，但这样会降低宝宝对批评的敏感性，加重宝宝对父母批评的反感，反而起不到批评教育的目的。批评前，父母不宜不分青红皂白地批评宝宝，首先要了解宝宝犯错的原因，如果宝宝是明知故犯，则需要适当批评宝宝的不当做法，如果宝宝是由于生活经验不足而导致的错误，父母宜指导宝宝做好，并和宝宝讨论是否有更好的做法。大一点的宝宝，父母可以减少批评，让宝宝适当体验并承受行为过失或犯错导致的后果，这样不仅能达到教育宝宝的目的，还能让宝宝为自己的行为负责，增强宝宝的自主能力。

忌以下情况责备宝宝

（1）对众不责：宝宝也是有自尊心的，如果当众责备宝宝，会让宝宝丧失自信心，还可能让宝宝产生逆反心理。

（2）愧悔不责：如果宝宝为自己的过失感到惭愧后悔，说明宝宝已经认识到自己的错误，父母不宜再责怪宝宝。

（3）暮夜不责：宝宝睡觉前，父母应停止责怪宝宝，以免宝宝带着焦虑、沮丧等情绪入睡，影响宝宝的睡眠和第二天的身心状态。

（4）饮食不责：很多父母喜欢在宝宝吃饭时责备宝宝，宝宝带着不良情绪吃饭，很容易损伤脾胃。

（5）欢庆不责：宝宝心情非常愉悦时，父母责备宝宝，易使宝宝情绪迅速变化，影响宝宝的身心健康。

（6）悲忧不责：宝宝处于悲伤、忧虑状态时，父母不宜责备宝宝，以免加重宝宝的负面情绪。

（7）疾病不责：人生病时，心理更需要关爱和安慰，如果父母这时候责备宝宝，不利于宝宝身体恢复。

忌忽视宝宝分离焦虑

分离焦虑是指宝宝离开母亲后表现出的一种消极情绪体验，大多数宝宝会在七八个月时出现分离焦虑，通常通过喊叫、哭闹等方式来表达自己的焦虑情绪。一般宝宝两岁后，随着宝宝主动探索外界环境的能力增强，分离焦虑也会逐渐减轻，当宝宝开始上幼儿园时，环境的改变也可能引发宝宝新的分离焦虑。

父母帮助宝宝顺利度过分离焦虑期，可促进宝宝身心健康的发展，帮助宝宝建立安全感，形成稳定的人格。如果在这个时期，宝宝没有得到足够的关怀和照料，则易使宝宝产生负面情绪，缺乏安全感，严重的还可能影响宝宝的智力活动和社交能力。

除了宝宝对妈妈的依恋外，有的妈妈还会对宝宝产生依赖，过度担心宝宝，这样容易加重宝宝的焦虑情绪。因此，妈妈首先要调节好自己的状态，先从依恋关系中分离出来，才能帮助宝宝顺利度过这个阶段。

父母要随时注意宝宝的一举一动，哪怕只是暂时离开，听到宝宝的哭声后，应立即回应、安抚宝宝。父母在厨房时，可以把宝宝放在门口，让宝宝不断确认妈妈一直都在的事实。当宝宝害怕陌生的人或事时，可慢慢引导宝宝，帮助宝宝认知并了解陌生的事物。父母平时最好多带宝宝接触新鲜事物，结交朋友，减少对父母的依恋。父母离开时，态度宜温柔坚决，并告诉宝宝："妈妈过一会儿就回来，宝宝要等着妈妈回来哦！"

宝宝发脾气忌处理不当

宝宝和大人一样，难免会有心情不愉快的时候，父母不要以为满足了宝宝的吃喝拉撒睡，宝宝就没有理由发脾气。事实上，父母的错误示范、过于溺爱或宝宝产生挫折感、需求没有满足等因素，都容易导致宝宝发脾气。

很多父母认为宝宝发脾气是不正确的做法，于是在宝宝发脾气时会采取哄劝、呵责、训斥等方式，来让宝宝停止哭闹。其实，宝宝适度发脾气，有助于宝宝发泄不良情绪，还能帮助父母了解宝宝的想法和需求。情绪控制并不是不要发脾气，而是要让宝宝学会用健康的方式来表达自己的情绪。

如果父母本身脾气火爆，那么宝宝很容易模仿父母的行为，因此父母首先应以身作则，学会管理自己的情绪。当宝宝发脾气时，父母难免会产生担心、尴尬、不知所措等负面情绪，而父母这种负面情绪则会影响宝宝的情绪，父母宜保持平和的心态，过去抱抱宝宝，让宝宝情绪慢慢平静下来。父母最好耐心地与宝宝沟通，了解宝宝发脾气的原因，并及时满足宝宝的合理需求。如果宝宝的需求不合理，父母也应耐心地告诉宝宝原因，因为宝宝不能很好地区分自己的需求是否合理。父母应避免训斥宝宝，以免宝宝产生父母不爱自己的错误认知。如果宝宝发脾气是由于遇到挫折，父母应及时鼓励宝宝，并帮助宝宝找到更好的解决方式。

第七章

疾病防治宜与忌

　　宝宝成长过程中，难免会生病，看着宝宝忍受疾病的痛苦，父母心疼不已，恨不得自己代替宝宝生病。其实，大多数疾病都是可以预防的，只要父母重视宝宝的计划免疫，平时注意宝宝的饮食、穿衣等因素，就能大大降低宝宝生病的可能性。宝宝生病后，父母精心地护理，正确用药，有助于宝宝尽快康复。

注射疫苗

 宜重视宝宝的计划免疫

有些父母认为自己小时候没打疫苗也很少生病，于是不重视宝宝的计划免疫。这样的观点有失偏颇，宝宝一旦感染病原体，轻则会影响宝宝健康，严重的还可能威胁宝宝的生命安全。

宝宝在胎儿期通过胎盘从母体中获得免疫物质，母乳喂养的宝宝也通过乳汁获得一些免疫物质，所以宝宝在6个月内很少得传染病。但宝宝6个月后，随着体内免疫物质减少，免疫功能会逐渐减弱，如果此时接触病毒或细菌等病原体，就容易被传染。因此，为了防止宝宝生病，增强宝宝对某些传染病的抵抗力，妈妈宜重视为宝宝接种疫苗。

人体接种疫苗后，需要一段时间后才会产生免疫力，随着时间的推移，人体内的抗体会逐渐减少，下降的程度也会由于疫苗种类的不同而有所不同。有的疫苗需要多次进行接种，时间间隔也有一定要求。而现实生活中，经常会出现漏打、迟打、提前打疫苗的情况，这些容易影响宝宝接种的效果或增加不良反应。因此，妈妈宜重视宝宝的计划免疫。

 宝宝各阶段宜接种的疫苗

年龄	接种疫苗	可预防传染病
出生24小时内	卡介苗	结核病
	乙型肝炎疫苗（1）	乙型病毒性肝炎
1月龄	乙型肝炎疫苗（2）	乙型病毒性肝炎
2月龄	脊髓灰质炎糖丸（1）	脊髓灰质炎（小儿麻痹）

年龄	接种疫苗	可预防传染病
3月龄	脊髓灰质炎糖丸（2）	脊髓灰质炎（小儿麻痹）
	百白破疫苗（1）	百日咳、白喉、破伤风
4月龄	脊髓灰质炎糖丸（3）	脊髓灰质炎（小儿麻痹）
	百白破疫苗（2）	百日咳、白喉、破伤风
5月龄	百白破疫苗（3）	百日咳、白喉、破伤风
6月龄	乙型肝炎疫苗（3）	乙型病毒性肝炎
8月龄	麻疹疫苗	麻疹
1.5～2岁	百白破疫苗（加强）	百日咳、白喉、破伤风
	脊髓灰质炎糖丸（部分）	脊髓灰质炎（小儿麻痹）
4岁	脊髓灰质炎疫苗（加强）	脊髓灰质炎（小儿麻痹）
7岁	麻疹疫苗（加强）	麻疹
	白破二联疫苗（加强）	白喉、破伤风
12岁	卡介苗（加强）	结核病

新生宝宝宜接种卡介苗

宝宝的免疫功能较弱，比成人更易感染结核病，宝宝一旦发生感染，易患较严重的粟粒型肺结核及结核性脑膜炎，还会留下后遗症。而卡介苗是一种减毒活疫苗，宝宝接种卡介苗是预防结核病的有效措施。

我国规定，正常新生儿在出生后24小时内宜接种卡介苗，接种方法分为皮内注射和划痕两种方式。通常医生会采用皮内注射的方法，一般接种后2～3天，接种部位会出现略微红肿，3周后大多数宝宝接种部位会出现红肿硬结，然后中间软化形成脓疱，脓疱会自行穿破结痂，最后留下一个小瘢痕。若宝宝出生后未能及时接种，可在2个月内到当地结核病防治所卡介苗门诊或幼儿护理控制中心的计划免疫门诊补种。

新生宝宝宜接种乙肝疫苗

乙肝是由乙型肝炎病毒引起的传染病，感染乙肝病毒后有一部分人会发展为慢性感染状态，而肝硬变或肝癌的诱因之一就是携带乙肝病毒。携带乙肝病毒的女性会有高达40%的可能性将病毒传染给宝宝。注射乙肝疫苗，能使人体内产生乙肝表面抗体，从而预防乙肝。通常在宝宝出生后24小时内第一次接种，约有30%的宝宝会产生抗体，但抗体效果不稳定；出生后30～40天接种第二次，约有90%的宝宝产生抗体；出生后6个月左右接种第三次，抗体的阳性率可达96%以上，且抗体效果会持续维持在较高水平。

哪些情况下宜暂缓接种

（1）宝宝处于传染病后的恢复期或有急性传染病接触史未过检疫期，接种后易出现不良反应，甚至加重病情。

（2）宝宝患感冒或由其他疾病引起发热，接种后，宝宝的体温会升高，从而诱发或加重疾病。

（3）宝宝是过敏体质或患哮喘、湿疹、荨麻疹，接种后，宝宝则易发生过敏反应，尤其是麻疹活疫苗或百白破混合制剂等致敏原较强的疫苗，更易发生过敏。

（4）宝宝有癫痫和惊厥史，接种乙脑或百白破混合制剂后，宝宝容易出现晕厥、抽风、休克等情况。

（5）宝宝患急慢性肾脏病、活动性肺结核、严重心脏病、化脓性皮肤病、化脓性中耳炎等疾病，接种后易出现各种不良反应，从而加重病情影响宝宝康复。但如果宝宝患有先天性心脏病，只要心脏功能良好，即可在医生检查没有问题后实施接种。

（6）宝宝有呕吐、腹泻、咳嗽等不适症状，应征得医生同意后，暂缓接种。

（7）宝宝患有严重佝偻病，则不宜接种脊髓灰质炎疫苗。

接种前宜注意哪些方面

（1）宝宝初次接种疫苗前，妈妈宜向医生说明宝宝的健康情况，让医生判断宝宝是否可以接种，并向医生确定下次接种时间。

（2）妈妈宜确定好接种时间，并预约医生的时间，带上宝宝的预防接种证，接种前也要向医生说明宝宝近期的健康状况。

（3）宝宝接种前，妈妈宜给宝宝洗澡，并给宝宝换上干净、宽松的衣物。

（4）宝宝接种前几天，适宜在家休息，保证身体处于健康状态，以免身体出现不适影响接种。

（5）接种宜在宝宝饮食、饮水30分钟至1小时后进行，因此妈妈宜提前安排好喂奶和接种的时间。

接种后宜注意哪些方面

（1）宝宝接种后，需要在接种场所休息30分钟，观察宝宝接种后身体无异常反应再离开。

（2）宝宝接种后，注射部位24小时内不宜沾水，如果接种后洗澡易加重宝宝的不适感。因此，妈妈最好在接种2～3天后，观察宝宝无异常反应后再给宝宝洗澡。

（3）宝宝回家后，妈妈宜细心观察宝宝的身体情况，少数宝宝会出现数小时内低热，局部红肿、疼痛、发痒，一般不需要特殊处理可自行缓解。但如果宝宝出现高热、全身皮疹等严重的异常反应，应及时到医院就诊。

（4）宝宝接种的部位容易出现红肿硬结，妈妈可用新鲜的土豆切片后敷在注射部位，每天2～3次，能明显改善红肿硬结的情况，不宜采用局部热敷的方式。

（5）宝宝接种后，饮食宜清淡，适宜增加饮水，不宜食用刺激性食物及羊肉、韭菜等发物。

（6）接种后几天内，妈妈要让宝宝多休息，避免进行剧烈活动。

宝宝接种时宜选择的部位

宝宝接种疫苗时，适宜选择的部位如下。

（1）上臂外侧三角肌中部。这个部位是国内最广泛使用的接种注射部位，随着宝宝的成长，接种疫苗种类和针刺的增加，若所有的疫苗都接种在上臂三角肌，则易使局部肌肉负担过重。

（2）大腿外侧肌中段1/3前外侧。这个部位只有少数的大血管和神经干通过，实施注射非常安全，并且肌肉丰厚，血液丰富，疫苗吸收效果较好，局部反应较轻，可实施多次注射。尤其是在秋冬季，天气寒冷，注射该部位不需要脱上衣，可防止宝宝着凉。

（3）其他部位。一般还可根据疫苗的接种方式来选择其他接种部位。如卡介苗采用皮内接种法，注射部位为左上臂三角肌中部附着处皮内；还有一些疫苗会采用皮下接种法，注射部位为上臂外侧三角肌下缘凹陷处。

宝宝接种时宜采用搂抱式

宝宝在打疫苗时，常会表现出害怕的情绪，出现挣扎、哭闹的反应，不仅会影响实施接种，还易折断针头，造成宝宝更大的痛苦。搂抱式的接种体位既可以较好地固定宝宝，还能让宝宝有安全感。具体做法为：若在宝宝右侧大腿接种，宜让宝宝侧坐在妈妈腿上，妈妈用右臂搂住宝宝，使其头部贴于胸前，并用左手握住宝宝两条小腿。

 ## 忌接种疫苗的时间提前

有些妈妈认为宝宝早晚都要接种疫苗，提前接种可以让宝宝尽早得到抗体的保护，免受传染病的困扰。其实，这种想法是错误的。宝宝疫苗接种的时间具有一定的科学性。接种的时间是根据宝宝接种后体内产生的抗体水平、抗体数量和抗体持续时间来确定的。提前接种或推迟接种，都会影响免疫效果。一般医生都会在接种卡上明确标明接种时间，如果妈妈不确定接种时间，也可向医生详细询问，以确保宝宝能按时接种。

 ## 哪些宝宝忌接种卡介苗

卡介苗是宝宝出生后的第一针，但若宝宝属于以下情况，则不应接种。

（1）早产、难产并伴有明显先天性疾病或畸形的宝宝。

（2）患有发热、腹泻等疾病的宝宝。

（3）患有心、肺、肾等慢性疾病及严重皮肤病、过敏性皮肤病、神经系统疾病的宝宝。

（4）患有严重湿疹、可疑性结核病或对接种有过敏反应的宝宝。

 ## 忌在宝宝入睡时打针

一些妈妈可能认为宝宝入睡时打针会比较容易，殊不知，宝宝即使在睡觉，打针突然的痛感也会惊醒宝宝，宝宝身体强烈地扭动不仅会影响打针，还会使宝宝日后出现入睡困难、突然惊醒及醒后哭闹的现象，影响宝宝的睡眠质量和心理健康。因此，不宜在宝宝入睡时给宝宝打预防针，如果此时非打不可，也最好提前唤醒宝宝。

接种后忌忽视宝宝的反应

疫苗相对人体而言属于异物，在接种后产生免疫反应的同时，也会给人体带来一系列不良反应，这些不良反应一般对人体没有伤害，2～3天即可恢复。

（1）正常反应

一些人接种后会出现发热、注射局部红肿、疼痛或出现硬结等炎症反应，这些反应属于正常反应，大多数是由于疫苗的性质引起的，不会给组织器官造成不可修复性损伤。正常反应一般不需要特殊处理，只要妈妈精心照料宝宝，一般都可自行恢复。

（2）异常反应

由于体质差异，一些宝宝接种某种疫苗后会表现出异常反应，如接种百白破疫苗后可能出现无菌化脓，接种乙脑、麻疹等疫苗后可能出现皮疹、面部水肿、过敏性休克等反应。异常反应的发生与受种宝宝的体质密切相关，尤其是过敏体质的宝宝和免疫缺陷的宝宝更容易出现异常反应。

不管是正常反应还是异常反应都会引起受种宝宝的不适感。因此，在接种疫苗前，妈妈宜向医生说明宝宝的健康状况及已往的免疫情况，有利于减少不良反应的发生。

忌忽视接种后免疫反应护理

注射疫苗后，大多数宝宝都会在不同程度上出现免疫反应，妈妈不仅要了解哪些反应属于正常反应，也要掌握常见反应的护理方法。妈妈良好的护理方法能减轻宝宝的不适感，还有助于加快反应消退。

（1）局部出现红、热、肿、痛

一般接种注射疫苗都会引起注射部位出现这种局部反应，其中注射破伤风疫苗后反应更加明显，还可能同时伴有淋巴结肿大、局部瘙痒等反应。局部反应程度较轻，多在注射后2～3天即可自行消退。妈妈可用新鲜的土豆切片后敷在注射部位，每天2～3次。妈妈还要保持注射部位的清洁，勤给宝宝换洗衣物，避免宝宝抓挠注射部位，以免引起继发感染。如果局部红、热、肿、痛持续加剧，局部淋巴结明显肿大、疼痛，则可能发生继发性感染，应及时带宝宝到医院进行处理。

（2）发热

一般注射百白破、麻疹、流感、脑膜炎、甲肝等疫苗后，通常会在注射后24小时内出现发热症状，还常伴有嗜睡、乏力、烦躁、全身不适等全身反应，少数受种宝宝还会出现恶心、呕吐、腹痛、腹泻等症状。大多数宝宝体温持续在38.5℃以下，如果无其他不适感，一般不需要特殊处理，只要让宝宝多休息、多喝水，就有助于宝宝降温、排出体内代谢物，不宜随意使用抗菌药物，一般持续1～2天后体温就能恢复正常。但如果宝宝体温超过38.5℃，且伴有严重的呕吐、烦躁等症状，或体温持续升高2天后仍未消退，可能是宝宝受到了其他病原感染，应及时到医院诊治。

宝宝腹泻期间忌吃"糖丸"

"糖丸"是指预防脊髓灰质炎的药丸，宝宝一般在出生后2个月、3个月、4个月时，每月各服一次。而对于此时宝宝来说，直接口服容易噎住，因此建议妈妈先将"糖丸"碾碎后用温水溶解后给宝宝服用。

处于腹泻期间的宝宝应避免食用生冷和含糖量高的食品，而"糖丸"味道偏甜，而且属于活病毒制品，宜放在冰箱中储存，即使溶解后水温也较低，容易加重宝宝腹泻。宝宝服用糖丸后容易出现发热、恶心、呕吐、腹泻等不良反应，若在腹泻期间服用，会加重腹泻反应。因此，如果宝宝处于腹泻期间或每天排便超过4次，妈妈应选择推迟宝宝服用"糖丸"的时间。

忌同时接种两种活疫苗

一般情况下，两种疫苗的注射时间应间隔在一个月以上，但如果因特殊情况需要进行补种，妈妈一定要注意两种活疫苗不能同时注射。而两种死疫苗或含有一种死疫苗，可以同时注射，但要求注射不同侧的部位。另外，如果妈妈带宝宝离开原住地后，要带好宝宝的计划免疫接种本，及时到当地医疗卫生机构登记，并确定宝宝的接种时间。

很多人认为注射了三次乙肝疫苗，宝宝就不会再感染乙肝病毒。殊不知，由于疫苗注射的条件和宝宝自身的体质，有的宝宝虽然按计划注射了三次乙肝疫苗，但并未产生乙肝抗体。一般在第三针注射一个月后，到医院进行验血来检查宝宝体内是否产生抗体，尤其是家中有乙肝患者，更需格外注意。

正确防治

宜重视宝宝体检

宝宝的定期体验，是根据宝宝的发育情况对宝宝的身体健康、运动能力、心智健康、营养等方面进行全面检查，能及时了解宝宝的健康、发育状况。

（1）宝宝出生后的常规检查，会检查宝宝的头围、身高、体重及皮肤颜色、心脏、呼吸、肌肉等是否正常。

（2）宝宝出生一周后，医生会取宝宝的足跟血进行化验，以检查宝宝的甲状腺和循环系统是否正常。

（3）宝宝回家一周后，医生会去家里测量宝宝的头围、身长、体重，并查看宝宝黄疸、脐带、四肢的情况；宝宝满月后，医生会为宝宝做听力筛查，避免听力障碍的宝宝错过最佳治疗时期。

（4）宝宝3个月时，医生主要检查宝宝身心是否正常发育。

（5）宝宝出生4～6周后的体检，除了基础检查外，还会检查宝宝肌肉、四肢和智力的发育情况。

（6）宝宝6个月后，医生主要检查宝宝是否具备了一定的运动能力和灵活性。

（7）9个月的宝宝，容易出现缺锌、缺钙，所以最好到医院检查一下宝宝体内的微量元素。

（8）宝宝1岁后，医生会主要检查宝宝的语言能力、运动能力及牙齿的发育。

（9）宝宝1岁半时，医生会为宝宝检查血红蛋白，来观察宝宝是否存在贫血的状况。

（10）宝宝2岁以后，最好每年体检一次，以便及时了解宝宝的身体情况。

宜观察新生宝宝的皮肤颜色

正常的新生宝宝皮肤为红色，早产宝宝皮肤会略显粉红色，如果宝宝皮肤颜色出现异常，则宝宝可能出现了某种病症，妈妈宜尽早带宝宝去医院诊治。

（1）紫红色：正常的新生宝宝皮肤会在一周后变成粉红色。但如果一周后宝宝皮肤颜色仍很红，尤其是口和指甲，就要引起注意。因为颜色过红是血液里的红细胞过多。

（2）黄色：新生宝宝皮肤颜色发黄，可能患有病理性黄疸，妈妈应及时请医生诊治。

（3）苍白色：皮肤苍白是贫血的重要特征之一，大多数新生宝宝有出血症状，可能是由于产程中胎儿受伤出血、颅内出血、肝脾破裂、败血症引起消化道出血等。

（4）青紫色：新生宝宝皮肤呈青紫色，说明疾病较为严重，这是由于血液中血红蛋白未能充分与氧结合，导致皮肤呈青紫色，引起皮肤青紫的疾病大多为呼吸道疾病，应尽快找医生诊治。

宜观察宝宝的便便

出生几个月的宝宝还不会通过语言来表达自己的不适感，细心的妈妈可通过观察宝宝的大小便来了解宝宝的健康状况。

（1）大便的颜色

宝宝正常大便的颜色呈黄色，如果宝宝吃多了猪肝、菠菜等含铁的食物，大便也可能略呈黑褐色；吃得青菜多，可能偏绿色；吃西红柿和西瓜，大便可能偏红，但没有绝对的说法。如果大便出现柏油状的黑色，可能是消化道出血的表现，多是由于缺乏维生素导致。如果大便带血，则有可能是由于大便干燥，造成肛门裂伤。如果大便呈粉红色或草莓状，宝宝可能患有肠套叠。如果大便呈白色，则可能患有胆道闭锁症。

（2）大便的性状

正常的大便是成形的软便，但如果性状改变，成为水样、蛋花样、喷射状大便、黏液便、脓血便时，则是危险信号，需要及时就医。例如蛋花便，即大便里的水多、粪少，像将鸡蛋打散煮熟的蛋花汤，则有可能是病毒感染而引起。

（3）小便的颜色

正常的尿液呈淡黄、透明，若宝宝尿液呈深黄色，则应及时给宝宝补充水分。若宝宝尿液如豆油，则多是由黄疸引起。若宝宝尿液如酱油，多为溶血性贫血所致。若宝宝尿液出现红色，很可能是泌尿道某一部位出血。若宝宝尿液呈白色，很可能是泌尿系统发生感染。

宜观察眼睛辨别疾病

俗话说："眼睛是心灵的窗口。"宝宝的眼睛不会撒谎。如果宝宝处于健康状态，则宝宝眼神看上去非常有灵气。

一般宝宝出生3个月后，可以慢慢通过眼睛来追随自己喜欢的东西，如果宝宝眼神无变化，可以慢慢训练宝宝眼球运动，若情况仍未好转，则宝宝可能患有"视神经萎缩"等疾病。如果宝宝经常眯着眼看东西，妈妈应观察宝宝是否近视。如果宝宝出现两眼无神或全身疲惫，妈妈也要特别留心，宝宝是否身体不适。

宜留意哭声判断宝宝是否生病

新生宝宝还不会用语言来表达自己的需求，哭声是宝宝发出最强的信号，妈妈一定要细心留意宝宝的哭声。

（1）吃喝拉撒睡

当宝宝饿了、大小便了，哭声一般比较有规律、较平和，妈妈和宝宝相处一段时间后，基本能了解宝宝的生理需要。一般满足宝宝后，宝宝的哭声也会停止。

（2）宝宝病了

宝宝生病后的哭声一般比较剧烈，持续时间较长。如果宝宝出现消化不良，哭声一般比较细弱、无力，妈妈可轻微抚摸宝宝腹部，促进宝宝肠胃蠕动。如果宝宝发出阵发性哭声，表现出烦躁，很可能是胃肠不适。如果宝宝突然尖声大哭，很可能宝宝遇到了一些意外伤害，妈妈应立即查看并处理。如果宝宝哭声尖利惊悸，后期哭声有气无力，且伴有喷射性呕吐，则宝宝可能患有脑膜炎，应及时到医院诊治。

宜看指甲了解宝宝是否健康

健康宝宝的指甲都是可爱的粉红色，静观宝宝指甲，外观光滑亮泽，坚韧且呈优美的弧形，指甲半月颜色稍淡，看不见倒刺。妈妈也可以轻轻压住宝宝指甲的末端，如果甲板呈白色，放开后立刻恢复粉红色，就说明宝宝身体非常健康。

但如果宝宝的指甲出现以下异状，妈妈就要小心了。

（1）指甲甲板上出现白斑点和絮状的白云多是由于受到挤压、碰撞，致使指甲根部甲母质细胞受到损伤所致。

（2）指甲甲板呈黄色、绿色、灰色、黑色等怪异颜色，或甲板变黄，可能因过多食用了含胡萝卜素的食物，或是遗传因素所致。另外，黄甲、绿甲、灰甲、黑甲等多半是真菌感染引起的。

（3）指甲甲半月呈红色，多是心脏病的征兆；呈淡红色多是贫血所致，可给宝宝适当添加补血的食物。

（4）甲板出现肾状隆起，变得粗糙、高低不平多是由于缺乏B族维生素，可在食谱中增加蛋黄、动物肝肾、绿豆和深绿色蔬菜等。

（5）甲板出现小凹窝，质地变薄变脆或增厚粗糙，失去光泽，很有可能是疾病的早期表现，最好到医院进行检查。

（6）甲板纵向破裂，宝宝可能罹患甲状腺功能低下、脑垂体前叶功能异常等疾病，应及时去医院检查。

（7）甲板薄脆、甲尖容易撕裂分层可见于扁平苔藓等皮肤病，但更多是由于指甲营养不良引起的。指甲中97%的成分是蛋白质，所以应适当给宝宝吃些鱼、虾等高蛋白的食物。另外，核桃、花生等能使指甲坚固，矿物质如锌、钾、铁的补充也很重要。

（8）宝宝甲根周围长满倒刺，多是由于咬指甲或粗糙物体的摩擦造成。出现倒刺不要直接用手扯掉，可用指甲刀剪去。另外，长倒刺还可能是由于营养不均衡、缺乏维生素引起皮肤干燥造成的，可多吃些水果蔬菜，补充维生素。

宜重视宝宝身上的怪味

大多数新生宝宝身上都带有奶香味，让人不由自主地想要亲近，但也有一些特殊的宝宝身上会散发怪味，如脚汗味、烂苹果味、耗子臊味等，这很可能是宝宝患有某种先天性代谢疾病。先天性代谢疾病多是由于基因突变引起，体内会产生异常代谢物，堆积在宝宝体内，通过汗液、尿液等形式排出，从而散发出怪味。

如果这类代谢疾病未得到及时治疗，很可能影响宝宝脑部的正常发育。因此，宜在宝宝脑部未成熟前进行干预治疗，愈后的宝宝就能像正常的宝宝一样健康成长！

宜掌握判断宝宝发热的方法

日常生活中，有些妈妈时常会用手摸一摸宝宝的头，或摸一摸宝宝的手心，来辨别宝宝是否发热了。还有些妈妈认为，只要宝宝的体温超过37℃就是生病了。其实，这样的判断方法并不准确。

妈妈可以多摸摸宝宝的小手和颈部，感受宝宝的体温，平时也要注意观察宝宝是否出现脸部潮红、嘴唇干热、哭闹不安、食欲不佳、活力减退、小便发黄等症状。若怀疑宝宝发热，应用体温计测量体温。

一般正常宝宝腋下体温为36 ~ 37.4℃，如果超过37.4℃可认为发热。但宝宝的体温在某些因素的影响下，常会出现一些波动。如宝宝在傍晚时的体温通常比清晨高一些；宝宝进食、哭闹、运动后，体温也会暂时升高；衣被过厚、室温过高，也会使体温升高。如果是暂时的、幅度不大的体温波动，并且宝宝精神状态良好，无其他症状和体征，一般不认为宝宝发热。此外，学龄前的宝宝最好不要通过口腔来测量体温，以免发生意外。

宜采用的物理降温法

（1）头部冷敷：将湿毛巾敷于宝宝的前额，2 ~ 3分钟更换一次。

（2）冰水袋降温：将冰块砸碎，放入热水袋或防漏的塑料袋中，挤去空气，扎紧口袋，外面裹上毛巾。将冰袋放在宝宝头部，以免高热损伤神经系统，还可将冰袋放在宝宝颈部、腋窝等大血管经过的部位，以尽快达到降温的目的。

（3）温水浴：准备一盆32 ~ 36℃的温水，让宝宝全身浸泡在温水中5 ~ 10分钟，能促进宝宝体内血液循环，扩张汗腺，从而有效降温。

（4）酒精擦浴：将酒精稀释为20% ~ 30%，用毛巾蘸取酒精后，分别擦拭宝宝的手臂、手、腿部、脚掌，不宜擦拭宝宝的前胸和后颈背部，一般擦至皮肤微红即可。

（5）退热贴：退热贴也是采用物理降温的方式，而且简单方便，妈妈不妨在家中准备一些退热贴。

宜采用的药物降温法

一般情况下，如果宝宝的体温超过38.5℃，即可服用退热药，若热度未明显减退，需间隔4 ~ 6小时以后再次服用。宝宝服用退热药后，如果出汗较多，应及时给宝宝补充水分。给宝宝服药的剂量不宜过大，以免引起宝宝虚脱，一天给宝宝服药也不宜超过4次。

一般新生宝宝发热，只需多喂水，减少衣物来达到散热的目的；2个月以上的宝宝发热后，可先采用物理降温的方式，若效果不佳，再让宝宝服用退热药，药物的选择和剂量也要在医生的指导下进行。

发热宝宝适宜的护理方法

宝宝发热后，采取正确的护理方法能让宝宝尽快康复，但若护理不当，还可能引起宝宝出现新的不适。

（1）减少衣物。传统观念认为，宝宝发热后，应给宝宝加厚衣物，以逼出汗液来退热。殊不知，这样容易导致宝宝体温升高，加重病情。正确的做法是适当减少宝宝的衣物，来达到给宝宝散热降温的目的。

（2）物理降温。物理降温相对药物而言是比较安全的降温方式，但妈妈要避免使用过冷的冰块，否则容易冻伤宝宝。此外，体温降得过快，也易使宝宝发生危险。

（3）补充水分。宝宝发热时，汗液会带走体内大量的水分，为宝宝补充足够的水分，不仅有利于维持电解质平衡，还能促进体内毒素排出。

（4）注意休息。宝宝生病后，宜让宝宝卧床休息，避免消耗过多体力。

（5）饮食清淡。一些妈妈在宝宝生病后，想通过给宝宝进补来增强宝宝的抵抗力，殊不知，宝宝发热时，肠胃功能减弱，进食荤类食物，不利于身体恢复。因此，妈妈宜让宝宝多吃水果、蔬菜、粥等易消化的食物。

宜积极预防宝宝龋齿

龋齿是宝宝常见的口腔疾病，宝宝患龋齿后，不仅会影响咀嚼和消化功能，而且龋齿过深，还容易引发牙髓炎。因此，妈妈应积极预防宝宝龋齿。

（1）尽量让宝宝少吃甜食，饮食宜多样化，适当补充钙质，以促进牙齿发育。

（2）及时清洁宝宝口腔和食物残渣，并定期为宝宝检查口腔。

宝宝患鹅口疮宜细心护理

鹅口疮是宝宝常见的口腔疾病，表现为宝宝口腔中有类似奶斑的斑点，若使用棉签不能擦掉，则为鹅口疮。患了鹅口疮的宝宝，不仅会由于疼痛而减少进食量，还可能通过母乳喂养，导致妈妈患乳腺炎。若不及时治疗，鹅口疮还会继续扩散到宝宝的食管及其他部位，增加治疗难度。

鹅口疮重在预防，妈妈平时护理宝宝要注意洗净双手，避免长期使用抗生素，进行哺乳前，也要洗净乳头、乳晕或奶瓶，宝宝的餐具要注意消毒，以免细菌进入宝宝口腔。此外，妈妈也要经常带宝宝到户外活动，以增强宝宝的抵抗力。

发现宝宝患鹅口疮时，可用冰硼散或硼砂甘油涂抹患处，一天3～4次，或用棉签蘸1%龙胆紫涂在口腔中，每天1～2次。或用制霉菌素片1片（每片50万单位）溶于10毫升冷开水中，涂于口腔患处，每天3～4次。一般2～3天，鹅口疮即可好转或痊愈，如仍未见好转，应及时到医院儿科诊治。

忌经常摇晃宝宝

有些妈妈在宝宝哭闹或哄宝宝入睡时，喜欢摇晃宝宝，甚至抓住宝宝的手向空中抛，这种做法容易引发宝宝出现"婴儿摇晃症候群"。宝宝1岁前，头部较大，颈部的支撑和控制能力较弱，如果剧烈摇晃宝宝，易使柔软的脑部撞击坚硬的头骨，导致宝宝出现嗜睡、呕吐、腹部不适等症状，严重的还可能出现昏迷、抽搐，甚至还可能损伤智力、造成脑瘫。

因此，妈妈在哄宝宝时，最好温柔地抱起宝宝，抚摸宝宝的后背和四肢，让宝宝感觉安全、放松，或将宝宝放入摇篮中，一边摇晃宝宝一边给宝宝哼唱摇篮曲。

忌忽视新生儿败血症的预防

新生儿败血症是指细菌侵入血液后繁殖并产生毒素而引起的全身性感染。新生儿败血症早期症状不明显，主要表现为不吃奶、呕吐、嗜睡、皮肤发白、体温异常等，严重的可出现皮肤出血、面色发灰、昏迷等。新生儿败血症宜及早发现并治疗，以免病情延误出现休克、脑膜炎等不良后果。

忌忽视新生儿肺炎的预防

新生儿肺炎是新生宝宝的常见疾病，分为吸入性肺炎和感染性肺炎。妈妈细心护理宝宝，能减少宝宝发病的可能性。

一般情况下，健康的新生宝宝不容易出现吸入性肺炎，但妈妈还要注意避免宝宝出现呛奶、吐奶等情况。而给早产宝宝或低体重宝宝喂奶时，妈妈要注意姿势，帮助宝宝克服吞咽困难。为防止宝宝患吸入性肺炎，还应注意保持室内空气的流通、湿度适宜，并且要尽量减少亲友探望宝宝，尤其要远离呼吸道疾病患者。

忌忽视帮宝宝预防感冒

宝宝的自身免疫力和抗病能力较弱，如果妈妈忽视宝宝感冒的预防和护理，宝宝很容易受到感冒的侵袭。

妈妈平时要保证宝宝的营养均衡，尤其是体质差的宝宝更应注意。妈妈要根据周围环境适当为宝宝增减衣物，并及时为宝宝补充水分。保持宝宝的个人卫生，勤换洗衣物，避免宝宝接触感冒患者。此外，妈妈还要让宝宝加强锻炼，以增强体质，预防上呼吸道感染。

宝宝感冒后，妈妈的细心呵护，也有利于宝宝尽快康复。

（1）保证充足的休息，让宝宝积蓄力量，增强抵抗力。

（2）补充充足的水分，防止宝宝脱水，促进血液循环，排出病毒。

（3）如果宝宝出现鼻塞，可在宝宝头部垫上两块毛巾，以缓解鼻塞不适。

（4）给宝宝创造一个安静、整洁的环境，特别要注意保持室内空气流通。

（5）如果条件好的话，还可以让宝宝泡个热水浴，浴后要注意及时擦干宝宝身体。

忌忽视宝宝便秘的预防

如果宝宝排便时间延长，经常3～4天排便一次，排便感到困难，大便干燥，有时呈羊粪球样或有腹胀、拒食、烦躁、呕吐等现象，宝宝很可能发生便秘了。宝宝便秘后，妈妈可以帮助宝宝按摩腹部，或使用开塞露、甘油栓等方法来促进宝宝排便。开塞露和甘油栓虽然在某种程度上能刺激宝宝排便，但不宜长期使用。事实上，妈妈最应该做的是在日常生活中预防宝宝发生便秘。

（1）调整饮食：宝宝肠胃功能较弱，若饮食中缺乏膳食纤维，宝宝易发生便秘。因此，妈妈可为宝宝适当补充蔬菜和水果，并注意补充水分。

（2）定时排便：随着宝宝的生长发育，妈妈可训练宝宝养成定时排便的习惯，以加强宝宝的排便反射。

（3）适量运动：宝宝在运动过程中，能促进肠胃蠕动，预防便秘。如果宝宝还不能独自活动，妈妈可每天为宝宝轻柔地按摩腹部。

忌忽视宝宝水痘的防治

水痘多发生在2～10岁的儿童，多发生在春冬两季，是一种发病较急、传染性强的传染病。水痘初发时，只是小红点，然后长出水疱，不断扩散。有的宝宝患水痘后，会出现高热，有的宝宝会出现气色不佳，发水痘的部位也会出现不同程度的痛痒。

接种水痘疫苗是目前有效预防水痘的方法，妈妈可在春冬季节带宝宝到医院进行接种。水痘的传染性较强，没有注射疫苗的宝宝，应尽量远离水痘患者，以免交叉感染。如果宝宝不慎感染水痘，妈妈应特别注意宝宝的护理。

（1）宝宝患水痘后，最好让宝宝在家中休养，以免传染其他宝宝。

（2）水痘主要是经呼吸道和接触传播，所以宝宝患病期间，一定要注意室内通风，勤换洗衣物。

（3）宝宝患水痘后，饮食宜清淡，并适当增加饮水量。

（4）水痘部位常会痛痒，宝宝常会忍不住去抓，如果宝宝抓破水疱，还易造成细菌感染，留下瘢痕。因此，妈妈宜用1‰的新洁尔灭溶液给宝宝擦洗水痘患处，并把宝宝指甲剪短，保持手部清洁。

（5）如果宝宝出现高热不退或皮肤感染，应及时请医生诊治，以免发生继发感染。

忌忽视宝宝风疹的预防

风疹又叫荨麻疹，是指皮肤上出现浅红色或苍白色的水肿性风团，四周皮肤发红，且伴有剧痒。荨麻疹虽然没有传染性，但会反复发作。

宝宝患荨麻疹后，首先宜找出过敏源，有的宝宝对海鲜、蛋奶过敏，有的对某些药物、花粉等过敏，而细菌、花粉、臭虫、冷风也可能导致宝宝过敏。妈妈应找出引起宝宝荨麻疹的过敏源，以免宝宝再次接触。

宝宝痒得厉害，可外涂炉甘石洗剂等药水来缓解瘙痒，妈妈宜将宝宝指甲剪短，以免宝宝抓破皮肤造成感染，并保持室内通风和宝宝皮肤的清洁。此外，妈妈平时要注意加强宝宝的身体锻炼，按摩宝宝腹部，加强宝宝自身的免疫力和胃肠功能。

忌忽视宝宝腹泻的护理

1岁以内的宝宝腹泻发病率很高，这是由于宝宝消化功能较弱，身体发育较快，需要的热量和营养物质较多，一旦喂养或护理不当，就容易发生腹泻。引起腹泻的原因很多，如饮食不洁、感染引起肠炎、饮食过量或精神紧张。

一般母乳喂养的宝宝患腹泻的可能性要低于人工喂养的宝宝，这是由于母乳的营养成分易于被宝宝吸收利用，并且母乳中含有很多免疫物质，能增强宝宝的抵抗力。进行人工喂养时，要注意配方奶的浓度和器具的消毒。给宝宝添加辅食时，宜遵循循序渐进的原则，按时添加辅食。此外，妈妈要避免宝宝接触患腹泻的宝宝。

如果母乳喂养的宝宝患了腹泻，妈妈最好减少摄入脂肪类食物，每次喂奶前，喝杯开水，稀释母乳，并适当减少喂奶量，缩短喂奶时间，延长喂奶间隔，有利于缓解宝宝的腹泻症状。

人工喂养或混合喂养的宝宝患腹泻后，不宜再添加新的辅食，病情较重时，还应暂停配方奶等主食。禁食时间一般为6～8小时，最长不能超过12小时。禁食期间，可喂宝宝胡萝卜汤、苹果泥、米汤等易于消化的食物，既能减轻宝宝的肠胃负担，还能为宝宝补充矿物质及维生素。

此外，宝宝腹泻时，妈妈还要适当增加喂水量，以免宝宝出现脱水。如果宝宝腹泻次数较多，或出现口唇干燥、两眼凹陷、面色发灰、尿量减少及皮肤失去弹性等脱水症状时，应立即就医。

 忌忽视宝宝湿疹的护理

湿疹是婴幼儿时期的常见病，大多数由对高蛋白物质过敏引起，还可能是过量喂养、吃糖过多、外界刺激等因素引起。湿疹常见的发病部位有头面部、头皮、手足背、四肢、阴囊等处，宝宝患湿疹后，皮肤会变得干燥，伴有瘙痒、红斑等症状，严重时还会有液体渗出。那么宝宝患湿疹后，妈妈该如何护理呢？

（1）妈妈应尽量查找引起宝宝过敏的原因，首先观察宝宝是食物引起的过敏，还是外界刺激引起的过敏，然后避免宝宝再次接触过敏源。母乳喂养的妈妈要尽量避免食用易引起过敏的海鲜、羊肉、辣椒等食材。

（2）妈妈宜保持宝宝双手的清洁，并把宝宝指甲剪短，以免宝宝瘙痒引起皮肤感染。妈妈不宜使用碱性强的肥皂、热水给宝宝擦洗患处皮肤，以免刺激皮肤。

（3）妈妈宜保持室内空气流通，并保证宝宝皮肤和衣物的清洁。外出时，不要让阳光直射宝宝的湿疹部位，以免加重瘙痒。

（4）妈妈不宜擅自给宝宝涂抹激素类药膏、抗生素或偏方等，必要时，可在医生指导下适当使用消炎、止痒、脱敏药物。

（5）宝宝患湿疹期间，不宜让宝宝注射疫苗，且要避免宝宝接触单纯性疱疹患者。

忌忽视佝偻病的预防

佝偻病，主要是由于体内维生素D缺乏，导致机体对钙、磷吸收不良，使骨骼发育不良。佝偻病发病缓慢，不容易引起重视，早期表现为好哭、睡眠不安、多汗、夜惊等，严重者会出现骨骼及肌肉改变。佝偻病不仅会降低宝宝的抵抗力，还易合并肺炎、腹泻等疾病，影响宝宝的生长发育。预防佝偻病宜注意以下几点。

（1）鼓励母乳喂养，虽然母乳中钙、磷含量较低，但比例适宜，易于被宝宝吸收，母乳喂养最好坚持8个月以上。

（2）阳光中的紫外线能促进人体生成维生素D，因此妈妈不妨多带宝宝到户外晒晒太阳。

（3）妈妈和宝宝可适当注意补充富含维生素D和钙的食物，如蛋黄、肝类、鱼类、奶类、豆类、虾皮等，不宜摄入过多的油脂类和盐，否则会影响人体对钙的吸收。

（4）宝宝出生2周后即可在医生的指导下补充维生素D，但不宜过量服用维生素D，以免引起中毒。

忌忽视宝宝营养不良的预防

营养不良多见于3岁以下的宝宝，是指摄入营养不足或不能充分吸收营养，主要表现为体重增长缓慢，面黄肌瘦，皮下脂肪减少，皮肤松弛、弹性差，头发干枯无光泽，食欲不振，免疫力低下，经常生病，生病后自愈能力差。那么，如何预防宝宝营养不良呢？

（1）营养均衡是预防营养不良的关键，丰富的食物种类才能保证宝宝摄入生长发育所需的营养物质。妈妈宜及时纠正宝宝偏食和挑食的习惯，保证宝宝摄入全面均衡的营养物质。

（2）定时定量的进餐习惯，可维持宝宝消化系统的健康，不易使宝宝出现食欲不振、腹胀、腹泻、呕吐等不适症状。

（3）要警惕胃肠疾病、消耗性疾病等疾病导致宝宝出现的营养不良，应积极治疗宝宝的原发疾病。

（4）不良情绪会降低人的食欲，妈妈的不良情绪也会影响宝宝。因此，妈妈宜调整好自己的情绪，且不宜在饭前、饭后训斥宝宝。

 忌忽视宝宝哮喘的预防

哮喘是一种小儿常见的呼吸道慢性过敏性疾病，主要与自身体质、呼吸道感染和过敏源有关，主要表现为突发的胸闷、咳嗽，严重时还伴有如拉锯声一般的喘鸣音，甚至出现呼吸困难。哮喘多在婴幼儿期首发，经治疗后症状缓解，但容易反复发作。妈妈应在平时积极预防宝宝哮喘发作，并在患病期间精心护理。

（1）呼吸道感染容易引起哮喘，因此预防宝宝呼吸道感染是预防哮喘发作的重要措施。

（2）妈妈应避免宝宝再次接触过敏源，或让宝宝处于空气污染的环境中。

（3）保证宝宝饮食营养均衡，加强宝宝的体格锻炼，能增强宝宝的体质，提高免疫力。

（4）研究表明，哮喘的发病常与神经系统的兴奋有关。因此，妈妈应注意调节宝宝的情绪，避免宝宝情绪过于激动、紧张或焦虑。

 # 科学用药

 给宝宝喂药宜讲究方法

药物一般口味苦，宝宝不爱吃，妈妈在给宝宝喂药时，除了要有耐心外，还

要掌握正确的喂药方法。

（1）如果是新生宝宝，妈妈可以把药水倒入奶瓶中喂给宝宝吃，必要时用滴管滴入。喂药时，妈妈抱起宝宝，让宝宝头部略微仰起或呈喂奶姿势。喂药前不宜喂奶，以免宝宝拒绝服药，但要避免将药物和奶粉混合后喂给宝宝，喂药与喂奶宜交替进行。

（2）婴幼儿服药时，应先将药物研成粉状，用糖水调成糊状后用汤匙喂给宝宝，待宝宝吞咽后，再喂第二次。

（3）如果宝宝已经能识别出药品，拒绝服用时，妈妈不可强制给宝宝喂药，需要耐心为他讲解药物是治疗疾病的，让宝宝积极参与治疗。

（4）如果喂药时，宝宝做呕吐状，应让宝宝休息一会儿再喂。如果宝宝把药物吐出，应先将宝宝口腔清洗干净，再观察宝宝吐出来的药量，考虑是否需要再次给宝宝服药。

宝宝宜服用儿童专用药

有的妈妈认为宝宝只是体重小，只要给宝宝服用的药量少就可以。事实上，这种做法是错误的，成人药物中的某些药物成分会通过肝肾代谢，而宝宝肝脏的解毒功能较弱，肾脏的排毒功能较差，容易增加宝宝的肝肾负担。而药物本身的不良反应，对成人可能只是轻微的影响，而对肝肾功能尚未成熟的宝宝而言，可能会引起毒性反应。如给宝宝服用成人感冒通，可能造成宝宝血尿；使用阿斯匹林易使宝宝形成胃黏膜糜烂；给宝宝使用解热镇痛药，易使宝宝出现再生障碍性贫血和紫癜；诺氟沙星可损伤宝宝负重骨关节组织，抑制骨骼生长；庆大霉素可致宝宝永久性耳聋或肾脏损害。

宜严格计算用药的剂量

宝宝身体正处于生长发育阶段，肝肾功能、神经系统、内分泌系统尚未发育完全，而有的妈妈在给宝宝喂药时常把握不好药量，一旦用药过量，很容易造成宝宝药物中毒。因此，妈妈在给宝宝喂药前，一定要严格计算好宝宝的用药剂量。

一般计算宝宝用药量有三种方法，分别按照宝宝的年龄、体重、体表面积来计算，一般按照年龄的算法比较简单，1岁以内剂量＝成人剂量×0.01×（月龄＋3）；1岁以上剂量＝成人剂量×0.05×（月龄＋2）。

此外，妈妈还应考虑联合用药时，同一类药物的用药总量，如果宝宝感冒发热后，服用阿苯片退热时，又服用了小儿速效感冒颗粒，而这两种都含有镇痛解热成分，应适当减少剂量。

宜用温开水送服药物

妈妈最宜选用温开水帮助宝宝送服口服类药物，但也有些药物由于自身属性的关系，并不适合用温开水送服。

温开水能促进药物顺利通过咽喉、食管，进入胃里，有助于保护胃黏膜。温开水杂质较少，不会与药物发生反应，还可溶解并稀释药物，不仅可减少药物对消化道的刺激，还能辅助机体对药物的吸收。如果送服药物的水温过高，易使药物失去药性，还容易烫伤宝宝，所以给宝宝喂药时，水温不宜超过40℃。而如果水温过低的话，还易引起宝宝腹部不适。

但一些止咳糖浆主要依靠部分糖浆覆盖在咽部黏膜表面，以减轻炎症对黏膜的刺激，从而达到止咳的目的。如果使用温开水送服，会稀释药物，降低止咳效果。小儿麻痹丸则宜用凉开水送服。

糖浆类药物宜摇匀后再服用

糖浆和混悬制剂放置久了，会导致药物成分不均匀，影响药效发挥，所以服用前应摇一摇。而很多妈妈疏忽大意，没有摇匀，使糖浆中药物成分沉于底部，影响药物浓度，不利于宝宝康复，而宝宝下次服用的药物浓度过高，易增加宝宝肝肾的代谢负担。

此外，糖浆和混悬制剂只需放在阴凉、避光处保存即可，不宜放入冰箱中冷冻，以免引起药物成分改变，影响药效的发挥。

宝宝误服药宜紧急处理

宝宝不管抓起什么东西，都喜欢往嘴里塞，用嘴巴来感受一下，如果宝宝不慎服用了成人药物，妈妈宜尽快处理，以免药物在宝宝体内发挥作用，引起不良反应。妈妈应帮助宝宝迅速排出药物、减少吸收、及时解毒、对症治疗。

妈妈宜尽早发现宝宝误服药物的反常行为，如宝宝误服安眠药或含有镇静剂的降压药，会出现无精打采、昏昏欲睡的情况。如果妈妈的药物感觉被动过，应及时耐心地询问宝宝，不宜指责、打骂宝宝。

如果确定宝宝误服药后，也要冷静处理，首先要确认宝宝服药的名称、服药的时间和剂量。如果宝宝服用的是不良反应较小的中成药或维生素，且剂量较小，可以让宝宝多饮一些水，来稀释、排出药物。如果宝宝服用的药物剂量和毒性较大，应及时到医院诊治，并带上误服药物的药瓶。如果宝宝服用的是腐蚀性较强的药物，在宝宝去往医院的途中，最好让具有医疗知识的人来护理宝宝，如误服强碱药物，宜让宝宝服用食醋、橘汁等；误服强酸性药物，宜让宝宝服用生蛋清来保护胃黏膜；误服碘酒，宜服用含淀粉的液体。

宝宝服药宜注意忌口

（1）抗菌素：服用红霉素期间，不宜食用海鲜，也不宜搭配酸性食物服用。服用克林霉素期间，不宜喝饮料，否则会降低药物的吸收率。服用磺胺类药物时，应少吃糖和果汁，也要少吃黄瓜、胡萝卜、菠菜等碱性食品。

（2）维生素K：服用维生素K类药物，不宜同时食用富含维生素C的食物，以免使维生素K发生分解。

（3）维生素C：服用维生素C期间，不宜食用猪肝，以免维生素C氧化成去氧抗坏血酸，丧失原有功效。

（4）咳特灵：服用咳特灵时不宜食用动物内脏、巧克力或牛奶等食物。

（5）抗酸药物：服用抗酸类药物时食用辛辣食品，容易增加胃酸分泌，影响疗效。

（6）贫血类药物：服用治疗贫血的硫酸亚铁时，可适当多吃一些酸性食物或富含蛋白质的食物，能促进人体对铁的吸收，不宜食用动物肝脏、花生、海带等富含钙、磷的食物或高脂肪类食物，以免影响机体对铁的吸收。

（7）服药期间忌吃西柚：西柚中含有抑制人体肠道酶活性的物质，会影响药物的正常代谢，进而影响肝脏的解毒功能，甚至损害肝功能，还可能引起其他不良反应。

宜掌握正确的服药时间

掌握正确的服药时间，才能使药效达到最佳效果，使宝宝尽快康复。另外，根据药物种类的不同，服药的时间也有讲究。

（1）定时服药

药物需要一定时间才能被机体消化、吸收，并在体内维持一定的浓度，才能起到治病的效果。因此，妈妈最好根据医嘱或药品说明书让宝宝连续、定时服药。

（2）服药时间

药品一般分为三种时间服用：有的药品适宜在饭前1～2小时前服用，如止泻类药品；有的药品需要在吃饭时服用，如开胃类药品；有的药品需要在饭后0.5～1小时服用，如抗生素类药品，能减少药品对胃肠道的刺激。

宜重视用药后的不良反应

宝宝生病后，妈妈焦急万分，于是指望药品让宝宝尽快康复。俗话说："是药三分毒。"许多药物除了有治疗作用外，同时常伴有一定的副作用、毒性反应、过敏反应等不良反应。而宝宝的各组织器官尚未发育成熟，相比成人更易出现不良反应。

但如果为避免不良反应而拒服药物，则会加重宝宝病情。因此，妈妈最佳的做法就是在宝宝生病时，掌握正确的用药方法，避免用药不当，一旦发现宝宝出现不良反应，应及时就医。

忌多种药物联合使用

当宝宝需要服用多种药物时，最好分开服用，因为药物之间会产生某些化学反应或物理吸附反应，如果联合药物使用不当，不仅会影响药效的发挥，还会增加宝宝出现不良反应的概率。例如，部分抗生素与含有钙、镁、铝等无机盐类的抗酸药或含铁的抗贫血药物联合使用，会生成新的化合物，影响药效的发挥，降低抗菌效果。此外，多种药物联合服用还会增加宝宝的肝肾负担。因此，宝宝用药品种越少越好。一般情况下，给宝宝联合用药的药品不宜超过4种。

忌擅自更改用药剂量

一些妈妈看到宝宝病情加重，就擅自给宝宝增加喂药的剂量和次数，希望宝宝尽快康复。殊不知，这样的做法会导致宝宝服药剂量增加，严重影响宝宝的身体健康。有的妈妈因担心宝宝服用药物会产生不良反应，就擅自减少用药剂量，这样也不利于宝宝康复。

其实，医生大多是根据宝宝的身体情况、疾病性质等因素来确定宝宝的药物和药量，如果擅自减少药量，降低药效，容易延误病情。因此，妈妈给宝宝用药时，一定要根据药物说明或在医生的指导进行用药，避免擅自更改用药剂量。

忌使用普通汤匙给宝宝喂药

现在大多数妈妈都在使用普通汤匙给宝宝喂药，殊不知，这样很容易造成宝宝用药过量或用药不足。其实，一些处方药的计量单位，如毫升、汤匙等，很容易引起妈妈的误解，尤其是很多妈妈会用普通汤匙来代替药匙，更容易造成宝宝用药过量，损害宝宝健康。因此，最好去药店购买带有标准刻度的药匙和喂药器来给宝宝喂药。

忌随意使用退热药

一些妈妈由于担心宝宝高热烧坏脑子，而急于给宝宝使用退热药。其实，一定程度上的发热能刺激宝宝的免疫系统杀灭病菌，增强宝宝自身的抗病能力。如果盲目给宝宝迅速退热，很容易掩盖病情，增加治疗的困难。此外，宝宝若未唤醒自身的免疫系统，则下一次发热会更加严重。

虽然退热药能帮助宝宝迅速降温，但服用退热药，易引起虚脱，损伤胃黏膜，严重的还会威胁生命安全。因此，宝宝发热时，最好先采用物理降温的方式，如果不见好转，可在医生的指导下服用退热药。

忌随意使用抗生素

宝宝一出现感冒症状，有的妈妈就急于给宝宝使用抗生素来让宝宝尽快消炎、退热。阿莫西林、头孢类、克林霉素等都是常见的抗生素类药物。抗生素经常用于治疗细菌或真菌等敏感微生物导致的感染，而感冒大多由病毒引起，由细菌引起的感冒只是极少数，所以使用抗生素治疗效果并不明显。对于病毒性感冒，不合理地使用抗生素治疗，对宝宝的健康有害而无益。

抗生素还容易使体内细菌产生抗药性，并导致体内菌群失调，降低宝宝自身的免疫能力。此外，宝宝的各个器官尚未发育完全，抗生素很容易影响宝宝器官的发育，随意使用抗生素还易损害宝宝的肝功能。

忌随意使用止咳药物

咳嗽是人体呼吸道应对外来刺激的保护性反应，咳嗽有助于保持呼吸道的清洁和通畅。比如，宝宝喝水或吃饭时，呛入气管内，会引起咳嗽反应，来吐出饭粒。若没有咳出，容易引起宝宝窒息。

然而，有的妈妈一见到宝宝咳嗽就担心不已，于是急于给宝宝服用止咳药物。殊不知，止咳药物虽然有镇咳的作用，但也在某种程度上影响宝宝排出呼吸道"垃圾"。此外，止咳药物除了具有镇咳功能外，有的还会麻醉中枢神经系统，尤其是止咳糖浆中大多含有盐酸麻黄碱、桔梗流浸膏、氯化铵、苯巴比妥等药物成分，服用过多会对宝宝产生不良反应。

因此，宝宝感冒刚开始咳嗽时，不宜立即使用止咳药物，可以给宝宝煮些梨水，来缓解宝宝的咳嗽症状。宝宝咳嗽严重时，也要在医生的指导下用药。

忌随意使用止泻药

腹泻是婴幼儿常见病，宝宝消化功能尚未发育成熟，而身体发育较快，需要摄入大量的营养物质，一旦饮食或喂养不当很容易发生腹泻。看着宝宝经常拉肚子，妈妈心疼又焦急，于是想通过止泻药来缓解宝宝的病情，但这样的做法不仅不利于宝宝康复，还可能加重病情。

腹泻是宝宝胃肠道的一种保护性反应，能将体内的毒素、致病细菌或有害物质排出体外。如果腹泻发病初期，急于使用止泻药，则不利于这些有害物质排出体外。尤其是感染性腹泻，细菌、毒素和其他代谢产物不能及时排出体外，还会吸收入血，使宝宝出现全身中毒感染症状。

如果宝宝大便只是稀糊状，且不伴有发热等其他症状，妈妈可帮助宝宝调理肠胃功能，让宝宝吃一些流食，增加饮水量，还可服用一些益生菌。如果宝宝大便黏胨，甚至伴有出血，可能是感染性腹泻，应在医生的指导下服用药物。如果宝宝腹泻频繁、持续时间较长且出现脱水症状，应及时就医。

忌给宝宝滥服营养药

有的妈妈为了让宝宝更健康，常会把营养品当做补品来服用，他们认为营养品有益无害，于是盲目给宝宝过量服用。

殊不知，滥用营养品不但不会起到保健作用，反而会产生不良反应，易导致宝宝机体功能失调，影响宝宝的身体健康和正常发育。如宝宝过多服用人参、蜂王浆，会影响身体的正常生长发育，易导致早熟；长期大量服用鱼肝油、维生素A、维生素D，易导致头痛、呕吐、厌食、骨骼痛、皮肤瘙痒、毛发干枯等症状；过量给宝宝补充锌，易导致脓疮病；长期大量补充钙剂和维生素C，会造成泌尿系统结石。

一般情况下，妈妈只要保证宝宝饮食营养丰富、均衡，宝宝就不需要额外服用营养品。如果有的宝宝因某种原因导致某种营养素缺乏，则需要在医生的指导下适当补充营养品。

忌给宝宝滥服增高药

有的父母自己身高不高，希望通过增高药来促进宝宝长高。其实，增高药主要是以下四种：补钙药、复合氨基酸、生长激素、中药。这些物质没有显著的增高作用，盲目服用还可能损害宝宝的身体健康。

增高药中可能含有性激素，性激素虽然会在短期内有一定的增高作用，但会增加人体消化系统的负担，对心血管系统和内分泌系统造成不可恢复性伤害，还容易使宝宝出现性早熟。此外，由于性激素的作用，会导致骨骺提前闭合，缩短宝宝骨骼的生长期，使身高发育过早停止，导致身材矮小。

妈妈要以平和地心态来看待宝宝的身高，不宜盲目给宝宝滥服增高药，最好带宝宝到医院检查确定原因后，再针对性的从饮食、运动等方面来帮助宝宝增高。

忌过多储备儿童药

很多妈妈都会给宝宝准备一个小药箱，准备在宝宝出现相同症状时，及时给宝宝用药。但是，孩子的病情变化较快，有的病看似初始症状相同，病因却和以前不同，如果沿用宝宝以前的药物，很可能因没有对症治疗，延误或加重病情。

此外，大多数药物对有效期和保存条件都有严格要求，儿童药物更加需要注意，尤其一些制剂只有新鲜的才具有治疗效果。因此，家中不宜过多储备儿童药，也不宜在宝宝生病时擅自使用儿童药。

忌捏着鼻子给宝宝灌药

大多数宝宝会因药物味苦，拒绝服药，而有的妈妈为尽快让宝宝服药，会捏住宝宝鼻子，趁宝宝呼吸时，强行灌药。其实，这样的做法弊大于利。

我们知道在人体的咽部有两条通道，分别是食管和气管。吞咽时，气管关闭，会厌软骨关闭，以免食物、水等进入气管。而如果在宝宝哭闹时，捏住鼻子灌药，宝宝张口呼吸，很容易导致会厌软骨运动失调，使药物进入气管中，引起呛咳、支气管炎、肺部炎症，严重的还会阻碍呼吸使宝宝出现窒息，甚至死亡。此外，强行灌药还会加重宝宝对药物的反感和恐惧感，令宝宝对药物产生心理障碍，增加了下次喂药的难度。

忌用牛奶送服药物

大多数宝宝都爱饮用牛奶，而有的妈妈为了方便省事，用牛奶给宝宝服用药物，但是从医学的角度来讲，这种方式并不可取。

牛奶中含有较多的有机物和无机盐类物质，如蛋白质、氨基酸、脂肪、多种维生素及钙、铁、磷等矿物质，易与药物成分发生化学反应，生成稳定的铬合物或难溶性盐类，使药物难以吸收，加重宝宝的肠胃负担，甚至对机体产生某种毒性作用。如四环素类药物与牛奶中的钙离子结合，会使牙齿变灰；中药里的生物碱与牛奶中的氨基酸发生反应，会使其丧失药效，甚至还会产生不良刺激或过敏反应。

有的药物成分会被牛奶中的离子破坏，降低药物浓度，影响药效发挥。如含有硫酸亚铁的抗贫血药物用牛奶送服，可降低机体对铁的吸收；左旋多巴类药物用牛奶送服，牛奶中的氨基酸可减少机体对药物吸收，降低药效。

除了不能用牛奶送服药物，妈妈还要注意宝宝饮用牛奶或食用奶制品后，最好间隔90分钟后再服用药物。

忌用果汁送服药物

果汁酸甜可口，深得宝宝的喜爱，有的妈妈就用果汁来为宝宝送服药物，认为这样做既简单方便，还能帮助帮助宝宝补充维生素。其实，这样的做法是不可取的。

果汁中的主要成分是维生素C、果酸和柠檬酸等，这些成分很容易导致一些碱性药物提前分解和溶化，影响药效的发挥。有的药物还会因果酸的作用，而增加药物的不良反应，影响宝宝身体健康。如红霉素和氯霉素等抗生素及磺胺类抗生素药物，遇到酸性液体，不仅易迅速分解，降低药效，还会产生有害中间体，从而增加毒性。另外，用果汁送服药物，对胃黏膜的刺激作用较强，严重的还可导致胃黏膜出血乃至胃壁穿孔。

忌用饮料送服药物

现在许多宝宝喜欢喝饮料，有的妈妈会在宝宝服药后，让宝宝喝几口饮料，来缓解消除药物的苦感。这种做法可能反而会影响宝宝健康。

可乐中含有兴奋作用的咖啡因和古柯碱，如果与镇静药、抗组织胺药及对胃肠道有刺激作用的药物同服，不仅会降低药效，还可能加剧胃肠道的不良反应，甚至引起胃出血。

汽水中含有酸性成分，如果与酸性药物同服，会加重对胃黏膜的刺激；如果与碱性药物同服，会加快碱性物质的分解和溶化，影响药效发挥。

忌用茶水送服药物

有一些长辈喜爱喝茶，就用茶水来为宝宝送服药物，这种做法也有失科学性。茶水中含有鞣酸，会与许多药物成分发生反应，生成沉淀，影响药效发挥。茶水中含有兴奋中枢神经的咖啡因，若与镇静或镇咳等药物同服，会产生抵抗作用，使药效降低。茶水中所含的茶碱，会影响胃肠道对呋喃坦啶、苯妥英钠等药物吸收，还会影响肾小管对吡哌酸、磺胺类药物的重吸收。

打针后忌立即用手按摩

大多数宝宝打针后都会哭闹不止，妈妈为减轻孩子的疼痛感会用手帮助宝宝按摩注射处的皮肤。其实从护理的角度上来讲，并不鼓励这种做法。

用手按摩针头注射的部位，容易促进或加重针眼处皮下毛细血管出血，还可能形成血肿影响健康。此外，手上的细菌还可能沿着针眼口入侵到人体组织或血管内，引发静脉炎、败血症等疾病。

宝宝打针后，正确的护理方法是在针头拔出后，立即用酒精棉球按压在针眼处直至出血停止、血液凝固即可移开棉球，不宜再用手揉。

忌频繁更换宝宝药品

很多妈妈看宝宝服药后，病情没有明显的改善，就认为这种药对宝宝不起作用，于是频繁更换药品。其实，药物发挥药效不但需要充足的剂量，还需要一定的时间，一般为3天或3天以上。

对治疗同样病症的同类药物，大多成分也都类似，如果将同类药物反复使用，不仅会使机体产生抗药性，而且还会加强药物的不良反应，导致疾病更难被治愈。所以，妈妈最好坚持让宝宝服药几天后再观察，如果效果不明显或病情加重，应在医生的指导下更换药品。

忌擅自给宝宝停药

有的妈妈担心药物对宝宝产生不良反应，一旦宝宝病情好转，就擅自给宝宝停药。此时，宝宝症状虽然有所改善，但病因可能还未被治愈，若此时停药，容易导致病情反弹。宝宝再次服药，不仅会增加机体的抗药性，使治疗效果不如先前，还容易诱发其他疾病。

一般情况下，医生开出的药量，都是根据宝宝的病情和后期巩固确定的，妈妈最好根据疗程让宝宝服用药物。

第八章

四季保健宜与忌

　　一年四季，每个季节都有不同的气候特点，宝宝保健工作的侧重点也有所不同，而宝宝尚不具备照顾自己的能力，依赖于父母的精心呵护。父母应根据每个季节的气候特点和当季宝宝容易出现的问题，有针对地做好宝宝的保健工作，且要避免陷入常见的护理误区，才能让宝宝一年四季都健康、快乐！

春天

宜

宝宝春季宜"三暖二凉"

春季，气温变化较大，给宝宝穿衣宜遵循"三暖二凉"的原则。

（1）背暖：背部的保暖能促进宝宝体内阳气生发，增强宝宝的抵抗力和抗病能力。

（2）肚暖：腹部保暖不仅能维护宝宝的肠道功能，还能防止宝宝因肚子受凉而发生腹痛、腹泻等。

（3）脚暖：脚部保暖能促进身体的血液循环，帮助宝宝抵御寒冷，保健防病。

（4）头凉：宝宝体表散发的热量有1/3是由头部发散的，如果捂得过于严实，易引发头晕头昏、烦躁不安等不适感。

（5）心胸凉：宝宝上身穿得衣物不宜过于厚重，以免挤压胸部，影响宝宝肺部和心脏的功能。

宜注意分龄保暖

宝宝保暖不能一概而论，要根据宝宝的生理特点和活动量来适当增减衣物。一般新生儿要注意保暖，即使在室内，也最好比成人多穿一件。而2～12个月的宝宝，在室内可以和成人穿得一样多，外出时要多穿一件外套，并戴上帽子，也要时常摸摸宝宝的头部和后背，适当增减衣物。1岁以上的宝宝，由于活动量较大，衣物不宜过多过厚。

春季宜多带宝宝外出游玩

春季万物复苏，生机勃勃，妈妈宜带宝宝外出游玩。春季各种景象美不胜收，让宝宝处于大自然的怀抱之中，不仅能令宝宝身心愉悦，激发对大自然和生命的热爱，还能丰富宝宝的想象力，培养宝宝的好奇心和观察力。

春季带宝宝外出游玩，让宝宝活动一下筋骨，能促进宝宝的骨骼发育，增强宝宝的体能，提高宝宝的肺活量，让宝宝感受到运动的乐趣。

春季宜重视宝宝长高

研究表明，儿童在春季增长的速度最快，尤其是5月份。春季万物生长，宝宝也不例外，春季人体新陈代谢旺盛，血液循环加快，呼吸和消化功能增强，内分泌激素尤其是生长激素分泌增多。春季阳光中紫外线含量在四季中最高，紫外线能促进机体生成易于人体吸收的维生素D_3，可促进人体吸收益于骨骼健康的钙、磷元素，加速骨骼生长。春季重视宝宝长高，还要注意以下几点。

（1）保证充足的睡眠

生长激素大多是在夜间分泌的，如果宝宝晚上睡眠不足或睡不踏实，会影响生长激素的分泌。

（2）增加运动量

春季时，宝宝适当活动一下筋骨，能对骨骼产生良性刺激，加速骨骼生长，增强体质，令宝宝感觉身心愉悦。

（3）饮食均衡

妈妈要保证宝宝摄入充足、均衡的营养物质，以保证宝宝正常身体发育和代谢的需要。

忌"春捂"过度

老人常说要"春捂"，指的是气温刚转暖，不宜过早脱掉棉衣。而如果给宝宝过度"春捂"，宝宝反而容易着凉感冒。一般气温持续在15℃以上且相对稳定时，宝宝就不用捂了，妈妈可根据宝宝的情况适当增减衣物。

春季早晚温差较大，妈妈不妨摸一摸宝宝后背，如果后背有点湿热，就适当给宝宝减少衣服，如果有点凉，就适当给宝宝增加衣服。2岁以上的宝宝活动量较大，如果宝宝出汗，应擦干汗液或自然消汗后，再脱去宝宝的衣物，以免宝宝受凉感冒。

春季忌忽视预防宝宝过敏

春季是宝宝过敏的高发季节，春季花粉、灰尘较多，加之宝宝的户外活动增加，尤其是过敏体质的宝宝更易发生过敏。春季预防宝宝皮肤过敏宜注意以下几点。

（1）避开过敏源

对于容易过敏的宝宝，妈妈要特别注意，避免让宝宝接触到过敏源。宝宝饮食宜清淡，不宜食用海鲜、牛肉、羊肉等易过敏的食物。妈妈可让宝宝适当多吃一些抗过敏的蔬菜和水果。带宝宝外出玩耍时，也最好给宝宝戴上口罩，避免让宝宝靠近花粉。

（2）室内通风

春季宜适当开窗透气，保持室内通风、干燥，以免细菌滋生。

（3）保持清洁

宝宝外出回来后，要及时清洁宝宝的面部、手部和身体，并更换衣物。妈妈最好隔一段时间就晒洗宝宝的被褥，保持清洁卫生。

 夏天

夏季宜注意宝宝补水

夏季天气炎热，人体容易大量出汗，体内的消化液减少，如果饮水不足，容易影响食欲和消化功能，甚至引起脱水。

宝宝汗液分泌和排泄次数相比成人多，消耗的水分也较多，因此宝宝比大人在夏季更需要增加饮水量，以补充丢失的水分。有的妈妈会选择饮料为宝宝解暑消渴，其实饮料和果汁中含有大量的糖分，不仅会影响宝宝的食欲和消化功能，还易导致宝宝龋齿，甚至引发糖尿病。另外，饮料中的色素和防腐剂，也会损伤

宝宝的大脑。有的妈妈在夏季会让宝宝喝冰水，冰水突然的冷刺激易使胃黏膜血管收缩，甚至引发胃肠痉挛。白开水是宝宝最佳的补水选择，在帮助宝宝补水的同时，有助于宝宝散热。

夏季宜注意宝宝防晒

有的妈妈认为防晒的目的只是为了美容，于是不注意宝宝的防晒护理。其实，宝宝皮肤娇嫩，非常容易被紫外线伤害。除了出现红斑外，大多数晒伤的后果会在数年后才表现出来。儿童期中等程度的晒伤，容易导致成年后皮肤的老化和损伤，甚至发生皮肤癌。因此，为了宝宝日后的皮肤健康，妈妈在夏季宜注意宝宝防晒。

（1）防晒霜的使用

宝宝皮肤娇嫩，不宜过多使用防晒霜，以免刺激皮肤或产生不良反应，而未满6个月或肌肤敏感的宝宝，应禁止使用防晒霜。如果宝宝去游泳或进行阳光下暴晒的活动，可适当使用儿童专用的防晒霜，最好在外出前半小时涂抹。

（2）佩戴遮阳帽

夏季外出时，宜给宝宝戴上宽边帽或长舌遮阳帽，以免紫外线射伤宝宝眼睛和面部。

（3）宜穿红色衣服

有的妈妈认为夏季最适宜给宝宝穿浅色系衣物，事实上，红色衣服是帮助宝宝防晒的最佳选择。红色能最大程度上吸收紫外线，可避免紫外线射伤皮肤。

（4）选择外出时间

妈妈最好在清晨或傍晚带宝宝外出活动，不宜在光照强烈时外出，这样既能防晒，而且早晚气温偏低，也会令人心情愉悦。

宜谨防宝宝被蚊虫叮咬

宝宝皮肤娇嫩，夏季蚊虫较多，宝宝一不注意就会被蚊虫叮咬。那么妈妈如何防止宝宝被蚊虫叮咬呢？

宝宝身体的新陈代谢旺盛，汗液较多，而蚊虫对汗味比较敏感。因此，妈妈应勤给宝宝洗澡、更衣，以去除汗味，保持宝宝的个人卫生。房间内宜保持清洁、通风，通风时关好纱窗，以免蚊虫在室内繁衍。妈妈可适当给宝宝涂抹花露水，并在宝宝睡觉时给宝宝挂上透气性较好的蚊帐。

宝宝被叮咬后，可给宝宝涂抹一些花露水、苏打水、牙膏等，能帮助宝宝消炎、止痒。妈妈在夏季最好把宝宝的指甲剪短，以免宝宝被叮咬后，抓伤感染。

夏季宜重视宝宝补锌

夏季宝宝出汗较多，锌元素会随着汗液大量流失，而且宝宝在夏季易患消化道疾病，会加重锌的流失。锌大多来源于蛋奶、瘦肉、肝脏等动物蛋白，夏季时，宝宝摄入荤食减少，也容易导致宝宝体内缺锌。缺锌不仅会降低宝宝的食欲，影响摄入营养物质，还容易导致宝宝出现"地图舌"、"烂屁股"、生长发育迟缓、免疫力差、注意力不集中等问题。

母乳喂养的妈妈平时要注意补锌，多食用一些牡蛎、动物肝脏、肉、鱼、粗粮、核桃、瓜子等富含锌的食物，保证乳汁中锌元素充足。宝宝断奶后，饮食宜注意营养均衡，并在夏季适当多吃富含锌的食物，但不宜过多食用甜食，以免影响锌的吸收。如果宝宝的消化吸收能力较差，可以让宝宝服用一些补锌制剂。

夏季给宝宝洗澡宜注意

夏季宝宝会经常洗澡，但如果方法不当，则会影响宝宝健康。因此，妈妈在夏季给宝宝洗澡时宜注意以下几点。

（1）洗澡水温

洗澡的水温最好与体温持平，不宜采用冷水给宝宝洗澡。宝宝体质较弱，用冷水洗澡，很容易刺激宝宝皮肤，导致宝宝着凉。

（2）洗澡次数

有的妈妈给宝宝洗澡过于频繁，甚至把宝宝长时间泡在水里，这样反而易使宝宝患痱子和尿布疹。宝宝的皮肤娇嫩，尚未发育完全，皮脂分泌较少，如果洗澡频繁，容易破坏皮肤上的皮脂膜和油脂膜，容易使宝宝皮肤受到伤害或感染。一般情况下，一天给宝宝洗一次澡即可。

（3）沐浴用品

妈妈宜选用儿童专用的沐浴用品，不宜使用成人用品，以免刺激宝宝皮肤。一般6个月以下的宝宝仅用清水清洗即可，而1岁以上的宝宝每周用一次沐浴用品就可以了。

（4）注意防水

妈妈给宝宝洗澡时，要防止水进入宝宝的眼睛、鼻子、耳朵、肚脐等部位，以免引起宝宝的不适感或引发疾病。

夏季忌给宝宝剃光头

夏季，如果宝宝的头发过长，会影响宝宝排出热量。有的妈妈认为给宝宝剃光头，宝宝会更凉爽。殊不知，宝宝头发过短或剃光头，反而不利于宝宝散热和健康。

宝宝剃光头后，头皮由于失去头发的保护易遭受强光照射、意外伤害、蚊虫叮咬、细菌感染等，进而引发日光性皮炎、皮肤感染，还容易损伤毛囊，甚至影响头发生长。宝宝剃光头后，皮肤吸收的热量会增加，而皮肤排出的汗液会迅速流失，汗液蒸发散热的作用减弱。

因此，妈妈在夏季宜给宝宝剃个小平头，约0.5厘米长就可以了。

忌空调直接对着宝宝吹

夏季天气炎热，大多数妈妈都会开空调来降温，以免宝宝中暑、长痱子。但如果宝宝长期吹空调，弊大于利。

宝宝对环境的适应和调节功能不健全，宝宝吹空调容易着凉，长期吹空调会降低自身调节体温的功能，导致机体适应环境的能力减弱。另外，宝宝适当地排汗，能促进排出体内的毒素。那么，宝宝吹空调宜注意哪些方面呢？

宝宝吹空调首先应保持空调的清洁，以免细菌或杂质影响宝宝健康；二要避免空调直吹宝宝和长时间使用空调，以免宝宝受凉；三要保持空调处于25～28℃，温度不宜过低；四要注意经常开窗换气；最后，宝宝吹空调时，最好穿长衣长裤。

忌让宝宝吃过多的冷饮

一些妈妈和宝宝都喜欢食用冷饮来消暑解渴，事实上冷饮中含有大量的糖分和添加剂，不仅不利于人体健康，还容易越吃越渴。婴幼儿的胃肠道尚未发育完全，食用冷饮易使胃肠功能紊乱，引起宝宝出现腹泻、腹痛、咽痛等症状，严重的还可能发生肠套叠。此外，宝宝食用冷饮，还容易降低食欲。

因此，2岁以内的宝宝最好不要食用冷饮，而大一点的宝宝每天吃冰棍不宜超过1根，且不要在饭前后饭后半小时内食用。妈妈给宝宝购买冷饮时，要注意冷饮的配料，不宜让宝宝食用添加剂过多的冷饮。

夏季忌忽视宝宝长痱子

夏季天气炎热，宝宝容易长痱子，这是由于宝宝出汗后，汗液未能及时挥发而堵住汗腺，使汗液排泄不畅。宝宝长痱子后，感觉瘙痒难忍，不仅影响正常的休息，如果不及时护理，还易引发痱子疮、地瓜疮、皮肤感染等疾病。

预防宝宝长痱子，妈妈平时宜注意保持宝宝皮肤的清洁、干燥，让宝宝穿轻柔、宽松的衣物，不宜让宝宝在过于炎热的环境中玩耍，并注意室内通风。另外，妈妈应让宝宝少吃油腻或刺激性食物，多补充水分。而1岁以下的宝宝活动量少，妈妈要注意多给宝宝翻身。

夏季忌忽视宝宝中暑

如果宝宝在高温、高湿环境中活动时间过长，容易导致体温调节功能失调，引起水和电解质代谢紊乱、神经系统功能损害等，即为中暑。中暑主要表现为体温突然升高、大汗、脱水、烦躁、嗜睡、肌肉抽搐、意识障碍，严重的还会出现脑损伤、呼吸循环衰竭。

宝宝一旦发生中暑，应及时将宝宝转移到通风、凉爽的环境中，让宝宝仰卧，保持呼吸道通畅。宜让宝宝饮用少量的淡盐水，但不宜大量饮用，以免加重体内水分和盐分的流失。妈妈还可以用湿毛巾给宝宝擦额头和身体，来帮助宝宝降温，但要避免使用冰水或冷饮降温。宝宝恢复后，饮食宜清淡，以免增加宝宝的肠胃负担。

妈妈平时应注意预防宝宝中暑，鼓励宝宝多饮水，给宝宝穿宽松、吸汗性强的棉质衣物，不宜让宝宝长时间处于暴晒的环境中。此外，妈妈平时开空调时要避免室内外温差过大，影响宝宝的体温调节功能。

秋季给宝宝添衣宜循序渐进

有的妈妈担心天气转凉后宝宝着凉，就给宝宝包裹得很严实。其实，这样反而容易使宝宝生病。

宝宝的耐寒能力虽然不如成人，但宝宝经常活动，体内会产生很多热量。如果宝宝穿得过于厚重暖和，会阻碍宝宝活动，宝宝稍微一活动还容易出汗，进而着凉、感冒，甚至引发肺炎。宝宝体温调节的功能和对环境的适应能力会随着冷空气的来临，不断进行调节，能提高宝宝的抗寒能力、增强抵抗力。

因此，妈妈给宝宝添衣时宜遵循循序渐进的原则，逐步添加，使宝宝能逐步适应气温变化。

秋季宝宝进补宜注意

秋季温度较低，人的食欲增加，代谢减慢，易于吸收、储存营养物质，可弥补夏季天气炎热导致的营养不足。秋季重视宝宝的饮食调养，有助于增强宝宝的抵抗力，促进宝宝身体发育，但如果进补不当，还易影响宝宝的身体健康。

（1）忌进补过燥

秋季宝宝容易出现"秋燥"，妈妈不宜让宝宝多吃燥热的进补食品，如羊肉、虾、榴莲等，宜多吃一些滋阴润肺的食品，如梨、枇杷、银耳等。

（2）忌过度进补

有的妈妈在秋季经常给宝宝食用大鱼大肉，稍有不慎就容易造成宝宝出现积食、胃胀、消化不良等症状，还容易使宝宝"长秋膘"。

（3）忌饮食贪凉

进入秋季后，由于暑热未消，宝宝都喜欢食用清凉的瓜果。但如果宝宝过多食用性寒凉的食物或不洁的瓜果，容易引发腹泻、下痢、便溏等胃肠道疾病。

（4）宜少辣多酸

宝宝在秋季适当多食用一些酸味的水果和蔬菜，有助于增强宝宝肝脏的功能。

秋季宜增强宝宝的耐寒能力

俗话说"春捂秋冻"，其实有一定的科学道理。宝宝的体温调节能力较差，如果环境忽冷忽热，宝宝容易患病。人体的体温调节中枢会随着气温的变化，不断地调节和完善。因此，妈妈在秋季可让宝宝逐步适应冷环境，锻炼宝宝的耐寒能力。

妈妈平时宜适当让宝宝暴露于冷环境中，如宝宝的衣物和被子不宜过厚，用凉水为宝宝洗脸，多带宝宝参加户外活动等。妈妈要掌握好"秋冻"的度，以宝宝不感觉寒战、不打喷嚏、不流鼻涕为度，外出锻炼的活动量以宝宝身体微热为宜。此外，妈妈对宝宝的耐寒训练宜从小做起，并遵循循序渐进的原则。

秋季忌忽视"秋燥"

秋天天气干燥，湿度较低，人体容易缺水，宝宝体内需要的水分比成人要多，更容易出现"秋燥"。"秋燥"经常表现为烂嘴角、皮肤干燥、流鼻血、便秘、咳嗽等。

预防"秋燥"首先宜注意增加宝宝的饮水量，或者让宝宝多吃一些水分充足的水果；其次，宝宝的饮食宜清淡，不宜经常食用辛辣刺激的食物；再次，妈妈平时还要让宝宝多锻炼身体，增强宝宝自身的免疫力；最后，妈妈可以用加湿器来增加室内的湿度。

如果宝宝出现"秋燥"症状时，妈妈该如何护理呢？

（1）烂嘴角

秋季时，宝宝的嘴唇容易出现干燥、起皮、口角皲裂、口唇周围潮红等现象，俗称"烂嘴角"。患有烂嘴角，会影响宝宝的进食量。为防止宝宝烂嘴角，可增加宝宝的饮水量，让宝宝多吃富含B族维生素的食物。妈妈还可给宝宝适当涂抹儿童专用唇膏，烂嘴角严重时，还可口服维生素B_2、涂抹金霉素软膏。

（2）皮肤干燥

宝宝皮肤娇嫩，外界环境干燥，易使宝宝皮肤干燥、脱屑，甚至皲裂。妈妈不宜让宝宝在大风天气出门，并给宝宝经常裸露在外的部位涂抹儿童专用护肤品。如果宝宝全身皮肤都比较干燥，且伴有发痒，妈妈可在宝宝洗澡水中滴入少量的婴儿润肤油，并在洗澡后给宝宝全身涂抹润肤露。

（3）流鼻血

秋天空气干燥，鼻腔容易感觉干燥、发痒，如果宝宝忍不住去抓，则易引发流鼻血。妈妈平时可让宝宝饮用一些梨汁或荸荠水，或用香油涂抹宝宝鼻黏膜，以减轻鼻腔的不适感。宝宝鼻出血后，妈妈应及时帮宝宝止血，且要避免宝宝再次揉搓鼻部。

（4）便秘

预防宝宝便秘，除了让宝宝多饮水外，还要让宝宝多吃富含膳食纤维的水果和蔬菜，帮助宝宝养成定时排便的习惯。宝宝便秘严重时，妈妈可帮助宝宝按摩腹部，或使用开塞露等促进排便，但不宜经常使用开塞露，以免宝宝产生依赖，加重便秘。

（5）咳嗽

燥邪最易伤害肺部，使宝宝出现咳嗽。妈妈在秋季可以让宝宝多吃一些生津润肺的食物，并使用加湿器来增加空气湿度。秋季宝宝患咳嗽后，应寻求专业医生的诊治，不宜擅自给宝宝用药。

秋季忌忽视宝宝腹泻

宝宝腹泻是秋季常见病，主要是由轮状病毒感染引起的肠道疾病，大多发生在2岁以下的婴幼儿中，发病季节多在9～11月份，故称为秋季腹泻。宝宝患秋季腹泻初期，表现为流涕、咳嗽、发热、咽喉疼痛等症状，且伴有呕吐、腹痛，如果不及时治疗，还易导致宝宝出现营养不良、生长发育障碍，甚至死亡。

宝宝患秋季腹泻后，如果病情较轻，应鼓励其进食。如果处于急性期，母乳喂养的宝宝最好适当减少哺乳的次数和哺乳量，人工喂养的宝宝最好饮用稀释后的牛奶或配方奶，6个月以上的宝宝可服用米汤、稀饭等易消化的食物。妈妈要注意宝宝腹部的保暖，或者热敷宝宝腹部，以缓解疼痛。此外，妈妈要勤给宝宝的生活用品消毒，以免宝宝反复交叉感染，及时更换宝宝尿布，并在宝宝大便后及时用温水清洗宝宝屁股。

应对秋季腹泻，重在预防，妈妈平时应注意以下几点。

（1）喂养方式

母乳最适宜宝宝的营养需要和消化能力，还含有免疫物质，因此，母乳喂养的宝宝比人工喂养的宝宝患腹泻的可能性要低。人工喂养的宝宝除了要掌握正确的喂养方式外，还要注意保持宝宝喂奶器具的清洁消毒。

（2）辅食添加

宝宝生长发育迅速，妈妈应按时给宝宝添加辅食，满足宝宝的营养需要，但不宜经常变换品种。添加辅食时宜遵循循序渐进的原则，以免引起宝宝肠胃不适。

（3）避免交叉感染

妈妈应避免让宝宝接触患有腹泻的宝宝，以免交叉感染。

冬季宜防止宝宝上火

冬季气温低，室内环境干燥，宝宝的活动量和饮水量减少，加上饮食不良，宝宝很容易出现上火症状。宝宝上火后，若未能得到及时治疗，不仅会影响宝宝的食欲和精神状态，还会降低宝宝的抵抗力，甚至引发其他疾病。

宝宝一旦出现上火症状，妈妈除了增加宝宝饮水量外，还要注意避免让宝宝食用辛辣、油炸、油腻和易上火的食物，如辣椒、炸鸡腿、橘子、巧克力等食物。预防宝宝上火，除了要饮食清淡、增加饮水量外，还要增加宝宝的运动量，避免让宝宝穿得过多。

宝宝冬季穿衣宜"两少一多"

宝宝学会走路后，活动量增加，身体产生的热量较多，如果给宝宝穿得过多，不仅会限制宝宝的活动，还会影响身体排汗，容易着凉感冒。因此，妈妈冬季给宝宝穿衣宜遵循"两少一多"的原则，即宝宝平常穿衣要比成人少一件，盖被要比成人少一层，而宝宝外出活动时，要多带一件外衣。

冬季洗澡宜注意

冬季天气比较寒冷，给宝宝洗澡时，稍不注意宝宝就容易着凉。那么，妈妈冬季给宝宝洗澡宜注意哪些方面呢？

（1）水温不宜过热

冬季洗个热水澡非常舒服，但是宝宝皮肤娇嫩，如果水温过高，则容易洗掉皮肤表面的油脂和保护菌群，伤害角质层，使皮肤出现干燥、瘙痒等症状。并且水温过高，会加速人体的新陈代谢，消耗人体能量，易使宝宝感觉疲劳。一般洗澡的水温与体温相近，以37～41℃为宜。

（2）时间不宜过长

如果给宝宝洗澡时间过长，会使头部血液供应量减少，出现头昏脑胀等不适感。一般情况下，盆浴宜洗20分钟，淋浴10～15分钟即可。

（3）室温不宜过高

有的妈妈担心宝宝洗澡时着凉，于是把室温调得过高。殊不知，如果浴室温度过高，室内外温差过大，反而易使宝宝感冒。此外，有的妈妈给宝宝洗澡时会把浴霸的灯都打开，这不仅会造成室内外温差过大，而且强光易损伤宝宝的眼睛和皮肤，干扰宝宝的大脑中枢系统功能。

宝宝冬季护肤宜注意

冬季天气寒冷干燥，而宝宝皮肤娇嫩，一旦护理不当，很容易干燥、皲裂。宝宝冬季护肤，宜注意以下几点。

（1）清洗次数适宜

冬季宝宝的活动量减少，汗水和皮脂的分泌减弱，如果频繁给宝宝洗脸、洗澡，容易洗去宝宝皮肤表层保护皮肤的皮脂，易使皮肤出现干燥、发红、发痒等现象。

（2）护肤品的选择

妈妈不宜给宝宝使用成人护肤品，也不要选择具有杀菌功能的洁肤产品，以免引起宝宝皮肤过敏，一般选择只具备清洁功能的护肤品即可。

（3）嘴唇的护理

宝宝嘴唇干裂后，妈妈可以用湿热的毛巾敷在宝宝嘴唇上，待嘴唇吸收足够的水分后，给宝宝涂上香油或儿童专用唇膏。妈妈还要注意，不宜让宝宝撕扯干裂的嘴唇，以免引起出血。此外，妈妈平时也要多为宝宝补充水分，纠正宝宝舔嘴唇的习惯。

（4）保持室内湿度

冬季室内容易干燥，妈妈不妨在室内放一盆清水或使用加湿器，来保持室内湿度适宜。

（5）护理皮肤皲裂

如果宝宝的小手或小脚等部位发生皲裂，妈妈可以准备一盆热水，把皲裂部位泡在温水中5分钟，以充分软化皮肤，擦干后需及时给宝宝涂抹润肤霜。

冬季忌捂热宝宝

俗话说"若要小儿安，须带三分饥与寒"。可是很多妈妈担心宝宝着凉，常给宝宝"捂"得很严实，这样反而易导致宝宝患病。

宝宝体温调节中枢尚未发育完全，如果捂得过严，使宝宝体内产生的热量不能及时散发，易使宝宝发热、体液丢失、脱水，甚至损伤脑神经。此外，宝宝发热后身体的代谢功能增强，氧气消耗量增加，如果过于严实，宝宝还易因缺氧而发生窒息。

一般情况下，1岁以内的宝宝比大人多穿一件就可以，1岁以上的宝宝宜和大人穿得一样多。另外，要注意宝宝的衣物或包被过紧不宜过紧。宝宝感冒、发热期间，最好适当地减少衣物进行降温，不宜捂汗。宝宝不宜盖过厚、过重的被子，还要避免被子盖住宝宝口鼻，影响宝宝呼吸。如果宝宝出现脸色发红、发热、汗多等问题，妈妈宜观察宝宝是否捂得过多，并及时给宝宝减少衣物，补充水分。

冬季忌给宝宝用电热毯

现在很多妈妈喜欢用电热毯为宝宝取暖，尤其南方没有暖气，电热毯更是冬季必备，但电热毯对宝宝的影响弊大于利。

电热毯的加热速度较快，温度也较高，容易使宝宝体内失去大量的水分，引起宝宝轻度脱水，出现口干、喉痛、便秘、尿短赤等现象。同时由于丢失了大量的体液，易使宝宝呼吸道黏膜干燥，局部抵抗力减弱，引发疾病。宝宝使用电热毯，容易大量出汗，稍不注意，就容易着凉、感冒。

因此，不建议妈妈使用电热毯给宝宝取暖，最好采用热水袋等方式为宝宝取暖。

冬季忌把围巾当口罩

冬季，大多数妈妈带宝宝外出时，会给宝宝戴上口罩，来帮助宝宝防寒防感冒。殊不知，这样的做法反而易使宝宝患感冒。

鼻子吸入冷空气后，冷空气会经过各环节进入肺部，达到肺部的空气温度已接近体温，这个生理过程能锻炼宝宝的鼻腔和整个呼吸道黏膜，增强宝宝的耐寒能力。经常戴口罩的宝宝，反而会让鼻腔和呼吸道变得娇气，稍微受寒就容易感冒。但如果室外环境较差或传染病流行季，妈妈宜给宝宝戴上口罩，保护宝宝的肺部，避免宝宝感染疾病。

有的妈妈会直接用大围巾将宝宝的头部、颈部、鼻子和嘴一起包上，认为这样可以为宝宝全面保暖。这样容易导致宝宝呼吸不畅，围巾上的细菌、灰尘或羊毛等有机纤维还易进入宝宝的口鼻中，导致宝宝感染细菌或诱发哮喘。

冬季宜预防宝宝冻伤

冬季气温较低，宝宝的皮肤比较敏感，容易被冻伤。冻疮一般出现在耳朵、手、脚等血液循环较差或容易暴露的部位。冻伤后局部初期会表现出充血发红、形成暗红色斑，并有肿胀、发痒、疼痛等症状。如果不及时治疗，还易导致皮肤开裂、化脓和感染。

宝宝冻伤后，妈妈不宜使用热水或热水袋等处理冻伤，以免导致皮肤组织坏死，最好用温水清洗，然后慢慢调高水温。妈妈可在冻伤部位涂一些甘油或维生素软膏，来帮助宝宝疗伤。妈妈还可以帮助宝宝按摩、揉搓冻伤部位，加速血液循环，减轻局部肿胀。

妈妈在冬季要特别注意宝宝耳朵、手脚等部位的保暖，并在秋冬季节加强宝宝的耐寒训练，增强宝宝的抗寒能力。妈妈可适当让宝宝多吃一些高脂高糖的食品，来增加宝宝的热量，还可以让宝宝食用一些富含维生素A和维生素D的食品，可改善宝宝的皮肤功能，提高抗寒能力。

 冬季宝宝忌穿开裆裤

　　一般宝宝养成自行排便的习惯后，妈妈最好让宝宝穿满裆裤，尤其是在冬季，穿开裆裤不仅常把宝宝屁股冻得通红，使宝宝着凉、感冒，还会增加宝宝患尿路感染、肛门等局部感染的概率。因此，妈妈在冬季除了适当为宝宝屁屁保暖外，也要注意保持宝宝屁屁的清洁、干燥，以免引发感染。